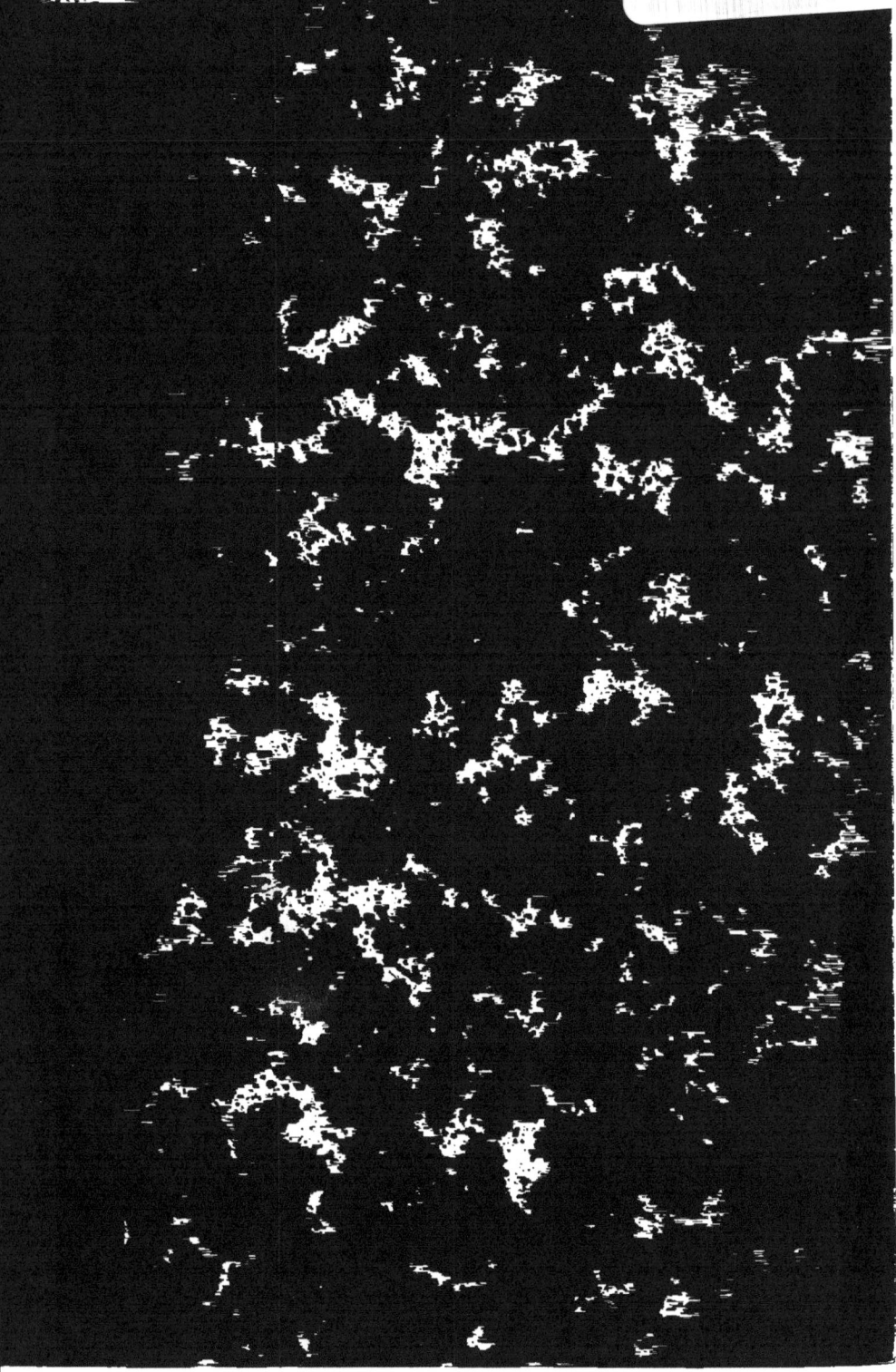

2016

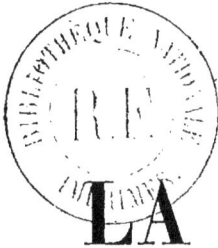

LA TERRE

SA FORMATION

ET SA CONSTITUTION ACTUELLE

BOURGES, IMPRIMERIE VERET

RUE DE L'ARSENAL, 5

C.

LA TERRE

SA FORMATION

ET SA CONSTITUTION ACTUELLE

NOTICE

A LA PORTÉE DES GENS DU MONDE

PAR

J. CHARPENTIER DE COSSIGNY

ANCIEN ÉLÈVE DE L'ÉCOLE POLYTECHNIQUE
ET DE L'ÉCOLE DES MINES
MEMBRE DE LA SOCIÉTÉ GÉOLOGIQUE DE FRANCE, ETC.

Lectures faites aux séances de la Société historique, littéraire, scientifique
et artistique du Cher
(Extrait des Mémoires de cette Société)

PARIS

H. REY, LIBRAIRE - ÉDITEUR

14, RUE MONSIEUR-LE-PRINCE, 14

1874

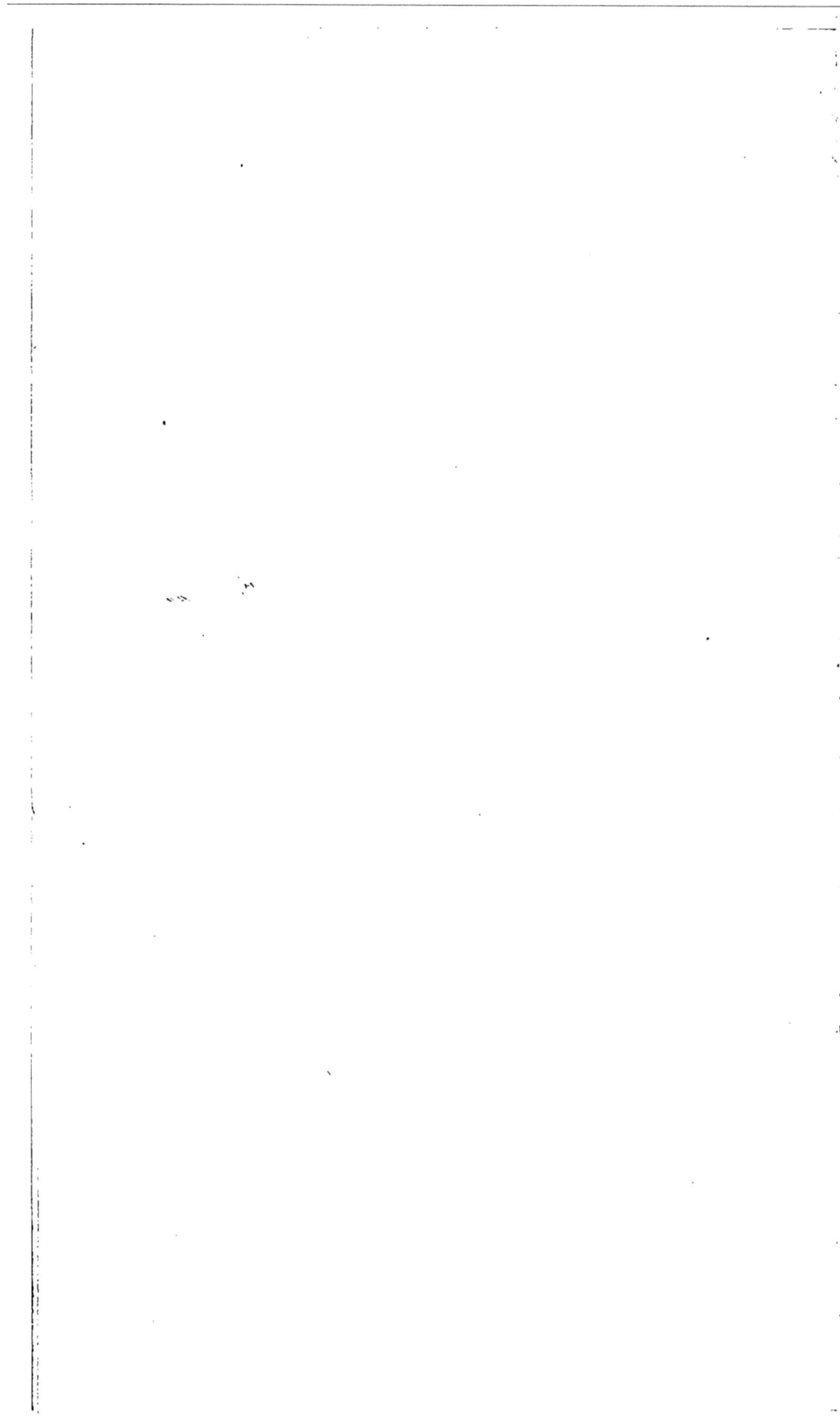

NOTICE

SUR LA FORMATION ET LA CONSTITUTION
ACTUELLE DU GLOBE TERRESTRE

PREMIÈRE PARTIE

APERÇU HISTORIQUE

PREUVES SCIENTIFIQUES DE LA CHALEUR PROPRE DE LA TERRE

Le siècle où nous vivons occupera une place glorieuse dans l'histoire du progrès. Plus d'une science qui, naguère encore, ne reposait presque que sur des données empiriques, ou bien sur des systèmes dans lesquels l'imagination avait plus de part que l'expérience, s'est élevée rapidement presque au rang des sciences exactes. Ceci est vrai surtout à l'égard de la géologie (1). Il y a

------

(1) *Géologie*, du grec *gê* terre, et *logos* discours : littéralement *dissertation sur la terre*. Elle etudie la structure du globe terrestre, les matériaux dont il se compose, les modifications qu'il subit de nos jours, leurs causes et leurs conséquences probables. A l'aide des connaissances acquises sur les agents modificateurs et des traces matérielles qu'ont laissées les révolutions physiques du globe, la géologie cherche à reconstruire l'histoire de son passé.

On a employé aussi le mot *géognosie*, de *gê* terre et *gnosis*

1

cinquante ans, le mot même n'existait pas, et c'était justice ; car les notions vagues et incomplètes que l'on possédait alors sur la constitution de notre planète et sur les diverses transformations qu'elle a subies ne constituaient guère une science.

Depuis lors, un nombre immense d'observations précises, faites dans toutes les régions du globe, ont constitué à la géologie une base solide qui lui avait longtemps fait défaut. Mais ce qui a peut-être contribué plus encore à hâter ses progrès, c'est qu'elle a su mettre heureusement à profit ceux des autres sciences, ses sœurs aînées. La zoologie, la botanique, la physique, la chimie, l'astronomie ont été, tour à tour, interrogées par les géologues et ont illuminé de clartés toutes nouvelles les questions qui paraissaient les plus obscures. Non contents d'étudier, dans leurs propriétés matérielles et dans leurs rapports de position, les éléments constitutifs de la partie superficielle et accessible du globe, les géologues ont demandé à la nature le *pourquoi* de chaque fait constaté. Remontant alors du connu à l'inconnu, du présent au passé ; procédant de déduction en déduction, ils ont acquis un certain nombre de données certaines sur la partie intérieure du globe, et ils ont, d'autre part, reconstruit, en grande partie, l'histoire des temps antérieurs à l'humanité.

connaissance. Ce mot, presque abandonné aujourd'hui, est synonyme de géologie. Le *Traité de géognosie* de MM. Daubuisson de Voisins et Burat, publié de 1828 à 1835, est un véritable traité de géologie.

Le premier dictionnaire français où ait figuré le mot *géologie* est celui de Boiste, publié en 1819.

Il est vrai que la géologie, absorbée jusqu'ici par d'immenses recherches de détail, n'a point encore eu le temps de faire une halte, de classer complétement ses richesses et de se résumer. C'est ce qui fait que nous ne possédons presque point encore, sur cette science, de ces livres élémentaires, si nombreux pour d'autres spécialités, qui embrassant une science dans son ensemble la condensent, la simplifient et la rendent facilement accessible à tous les hommes studieux. C'est ce qui fait aussi que l'enseignement public de la géologie est encore si peu répandu. Mais enfin nous sommes arrivés au moment où les grandes vérités, dont la découverte sera la gloire du XIX° siècle, vont être partout proclamées ; et déjà nous pouvons prédire le moment où elles feront partie des connaissances vulgaires et indiscutables, qu'il ne sera pas plus permis d'ignorer que les éléments de la géographie ou le mouvement de la Terre autour du Soleil.

Parmi les propositions démontrées par les géologues, la plus importante, et sans contredit la plus remarquable, est celle-ci : *La Terre est un globe de matière liquide et incandescente, recouvert seulement à la surface d'une croûte solide et refroidie, relativement très-mince, qui constitue le sol que nous habitons.*

Quand on étudie la partie superficielle de la Terre, qui est accessible à nos investigations ; quand on en fait, pour ainsi dire, l'analyse anatomique ; quand on cherche à classer les diverses masses distinctes désignées sous le nom générique de *roches*, qui sont les éléments de sa structure, un grand fait s'impose irrésistiblement à notre attention; ce fait, c'est l'existence de deux grandes classes de roches distinctes et tranchées (1).

La première classe comprend des couches parallèles et superposées, consistant alternativement en sable, argile, pierre calcaire ou marnes. Ces roches sont nettement caractérisées par la stratification (disposition en couches parallèles entre elles) et par la présence, dans leur intérieur, de nombreux débris fossiles de plantes et d'animaux, de coquilles marines plus particulièrement, sans compter les innombrables squelettes d'animalcules aquatiques imperceptibles qu'a révélés le microscope. Pour expliquer comment se sont formées ces couches, il suffit d'observer ce qui se passe actuellement au fond des mers et des lacs, dans certains marais et aussi dans les lieux temporairement inondés. Les eaux pluviales, les ruisseaux, les fleuves, opèrent un lavage perpétuel du sol des continents. Elles dissolvent, dans cette opération, de petites quantités de substances minérales, notamment de calcaire et de silice, qui sont ainsi incessamment entraînées dans les grands réservoirs naturels. Mais les procédés mis en œuvre par la nature ne permettent pas que ces subtances se concentrent indéfiniment dans la mer. Une prodigieuse variété d'êtres vivants naissent par myriades dans ses eaux, s'alimentent des diverses substances qu'elles contiennent, transforment la matière minérale en arêtes,

(1) Il existe aussi, il est vrai, une troisième classe de roches, participant aux caractères des deux autres et formant comme un lien entre celles-ci. Il en sera question à la fin de la IIᵉ partie. Nous verrons alors que ce ne sont que des roches de la première classe, ou de sédiment, qui ont été modifiées par la chaleur, postérieurement à leur dépôt.

en coquilles, en carapaces de toutes formes et de toutes dimensions, et ramènent ainsi la minéralisation de l'eau à son degré normal : ces animaux laissent enfin, après leur mort, leur dépouille tomber sur le fond. Mais, d'autre part, la mer ronge incessamment ses rivages : les cours d'eau qu'elle reçoit sont tous, plus ou moins, troubles et limoneux. Des graviers, des sables, des poussières terreuses sont donc sans cesse remaniés par les flots, et se déposent insensiblement dans les profondeurs tranquilles, empâtant les débris animaux qui s'y précipitent en même temps. Ces matériaux divers, ces *sédiments*, comme on les appelle, s'agglutinent peu à peu et forment avec le temps une couche plus ou moins épaisse. Quelque trouble extérieur vient-il à modifier soit la nature ou le degré de ténuité du limon, soit quelqu'une des circonstances climatériques qui influent sur le développement des êtres organisés, alors les nouveaux dépôts différeront du précédent, dans leur nature ou dans leur structure intime, et une couche distincte se superposera aux plus anciennes.

Cette explication, à quelques détails près, n'est pas nouvelle : elle a été donnée, dès le XVIᵉ siècle, par un homme aussi profond observateur que grand artiste, par Bernard Palissy (1). Les innombrables observations

(1) J'ai appris, après la rédaction de cette notice, que les mêmes vérités avaient été proclamées, peu de temps auparavant, au delà des Alpes, par Léonard de Vinci, le peintre célèbre qui, ainsi que Michel-Ange, fut aussi sculpteur, architecte et ingénieur. Il est permis de croire que notre compatriote, qui fut amené fortuitement à ses découvertes géologiques par l'étude des terres propres à composer ses poteries, n'avait pas eu connaissance des idées du grand artiste italien. Il est assez curieux de voir une même décou-

qui ont été faites depuis lors n'ont fait que confirmer. tout en les développant, les premières idées qu'il avait émises. Je ne crois pas que sur ce point il se soit élevé, dans notre siècle, aucun désaccord sérieux entre les savants.

Quant aux roches que je comprends dans la deuxième classe, elles ne présentent point de stratification, point de fossiles, nul indice qui révèle le travail mécanique des eaux. Tout, au contraire, en elles, leur aspect, leur composition, leur texture cristalline, les rapproche soit des déjections volcaniques, soit de certaines substances qui prennent naissance dans les fourneaux de nos usines, soit enfin de produits que l'on est parvenu à obtenir dans les laboratoires de chimie, en soumettant divers corps à l'action combinée de la chaleur, de l'humidité et d'une forte pression. Il en résulte que la seule hypothèse d'un dépôt marin ne saurait expliquer d'une manière satisfaisante l'origine des roches dont il s'agit ; et lorsque nous voyons la lave incandescente, vomie par les volcans, l'idée des feux souterrains se présente

verte faite, presque en même temps, par deux hommes qui, par la nature de leur génie ainsi que par bien d'autres particularités de leur vie, pourraient donner lieu à tant de rapprochements. J'ai dit *une découverte*, bien que les formes régulières de certains fossiles aient dû attirer de tout temps l'attention des observateurs ; c'est que ces formes avaient été considérées jusque là comme des jeux du hasard, ou plutôt comme des effets singuliers de l'influence occulte des astres. Il doit être bien entendu d'ailleurs que le rôle des hommes illustres que je viens de citer s'est borné à indiquer la nature et la véritable origine des fossiles marins ; quant aux fossiles microscopiques et au rôle important qu'ont joué les espèces animales dans la formation de certaines roches, ce sont des acquisitions modernes de la science.

d'elle-même à notre pensée. Pourrions-nous donc nous étonner si, dès le XVIIe siècle, des hommes de génie, Descartes, Pascal, Leibnitz, ont proclamé que la chaleur avait joué un rôle important dans la formation de la Terre, et si, plus tard, Buffon a admis le même principe ?

Mais l'idée de la fluidité ignée de la Terre était trop hardie pour être immédiatement acceptée. Il faut reconnaître, d'ailleurs, que le rôle de la chaleur était pressenti bien plutôt que démontré. On avait bien remarqué une élévation de température au fond des excavations profondes, mais les observations étaient incomplètes et sans précision. On ignorait les lois qui président à la distribution de la chaleur que nous envoie le Soleil. Quelques-uns soutenaient que cette chaleur, pénétrant incessamment le sol, avait pu s'accumuler, depuis l'origine des siècles, dans les couches profondes ; ce qui aurait donné, selon eux, une raison suffisante de la température des mines. D'après cet état incomplet de la science, on s'explique facilement la lutte des *Plutoniens* et des *Neptuniens*, lutte mémorable, qui a donné lieu, pendant tout le cours du XVIIIe siècle, aux discussions les plus vives peut-être dont la science ait été l'objet. Les uns, s'en rapportant surtout au témoignage des yeux, apportaient dans la discussion plus ou moins de preuves de l'action plutonique ; mais ils ne pouvaient entraîner les convictions, faute de pouvoir rattacher leurs remarques à aucun principe général, alors admissible. Les autres, au contraire, frappés tout d'abord de cette difficulté qu'ils jugeaient insoluble, croyaient adopter une marche plus philosophique et ouvrir la voie du progrès, en s'imposant, *a priori*, la tâche d'expliquer tous les phénomènes par les principes alors connus. Or, comme il n'y avait encore, en géologie, que l'action des eaux et le dépôt des sédiments qui présentassent des idées bien nettes, ils ont mis, au besoin, leur esprit à la torture pour rattacher à ces causes les faits les plus évidemment rebelles à une telle explication. Le minéralogiste allemand Werner, qui vivait à la fin du siècle dernier et au commencement de celui-ci, a été pour ainsi dire le dernier, mais assurément le plus brillant champion de cette école exclusivement neptunienne (1).

En 1784, le géomètre Laplace, que sa *Mécanique céleste* devait bientôt illustrer, publia son premier ouvrage, *Théorie du mouvement et de la forme elliptique des planètes*. Reprenant à fond, dans ce travail, un sujet successivement ébauché par Huyghens, Newton, Clairault et d'Alembert, il établit par le calcul qu'une masse liquide isolée et immobile dans l'espace doit (en vertu de l'influence réciproque de ses molécules qui s'attirent les unes les autres suivant les lois de la gravitation universelle) affecter une forme rigoureusement sphérique. Puis il démontra que, si l'on imprime à la sphère liquide un mouvement de rotation, elle s'aplatit

(1) L'Écossais James Hutton, mort vers la fin du xviiie siècle, qui joignait à la profession de médecin des connaissances profondes et variées, est l'auteur d'une *Théorie de la Terre* dont une grande partie serait encore acceptable aujourd'hui. Devançant son siècle, Hutton a admis la fluidité primitive de la Terre et le concours simultané de la chaleur, de l'eau et des agents atmosphériques dans les grands phénomènes naturels. Les doctrines de Hutton, quoique bien plus approchées de la vérité que celles de Werner, n'ont pas eu, de son temps, le même retentissement que celles de ce dernier.

plus ou moins, selon sa densité et selon la vitesse, et prend alors la forme que les géomètres désignent sous le nom d'*ellipsoïde de révolution* (1). Enfin, appliquant la théorie aux principales planètes de notre système, tenant compte de toutes les données acquises relativement à leurs masses et à leurs vitesses de rotation, Laplace détermina la forme que devrait avoir chacune d'elles, si elle était liquide. On savait déjà que Jupiter et Mars étaient aplatis, et depuis lors Herschell, armé d'un télescope d'une puissance jusque là inconnue, a pu constater aussi l'aplatissement de Saturne (2). Quant

(1) L'ellipse est une courbe que l'on définit mathématiquement en disant que la somme des distances de chacun de ses points à deux points fixes appelés *foyers* est une quantité constante. Vulgairement parlant, sa forme est celle d'un *ovale*. Tous les diamètres que l'on peut mener par le centre d'un cercle sont égaux entre eux. Ceux d'une ellipse, au contraire, sont tous inégaux. On en distingue particulièrement deux, dont l'un est le plus grand diamètre de l'ellipse, l'autre en est le plus petit. Ces deux diamètres sont perpendiculaires entre eux ; on les nomme les *axes* de l'ellipse. En faisant tourner un cercle autour d'un quelconque de ses diamètres on engendre une sphère. En faisant tourner une ellipse autour de son grand axe, on engendre un ellipsoïde allongé (d'une forme analogue à celle d'un œuf). En faisant tourner l'ellipse autour de son petit axe, on engendre un ellipsoïde déprimé. Cette dernière forme est celle des planètes, à la condition que l'ellipse génératrice diffère très-peu d'un cercle.

(2) Ce qui est établi d'une manière incontestable, à l'égard des planètes citées, c'est qu'elles possèdent un mouvement de rotation et qu'elles sont aplaties précisément dans le sens du diamètre autour duquel s'exécute ce mouvement. N'est-ce pas assez pour nous donner le droit de conclure que la rotation est la cause principale de l'aplatissement, et que ces astres ont dû posséder un certain degré de fluidité ? Ces conséquences générales ne sont point infirmées par un certain désaccord qui existe entre les valeurs des aplatissements observés et celles que l'on déduit du calcul. Mars notamment est très-sensiblement plus aplati **que ne** l'exi-

à la Terre, sa forme avait été donnée, avant Laplace, par des mesures directes. D'immenses travaux, qui n'avaient pas cessé d'occuper les astronomes, depuis le XVIIe siècle, avaient fait connaître qu'elle est légèrement elliptique, que le plus grand diamètre correspond à l'équateur, le plus petit à la ligne qui joint les deux

gerait la théorie. Il y aurait une explication de cette anomalie qui, si elle venait à être confirmée, corroborerait singulièrement les idées des géologues. Il y a longtemps, en effet, qu'Herschell a signalé, aux pôles de Mars, de larges taches blanches et brillantes qu'il a considérées comme des calottes de neige ou de glace. Ce phénomène a été confirmé depuis par divers observateurs. Certains d'entre eux, observant de profil le pôle de Mars, ont vu la masse glacée apparaître non plus comme une tache, mais comme une protubérance, comme une énorme montagne, dont le volume serait loin d'être négligeable vis-à-vis de celui de la planète. Si une pareille masse de glace existait à la surface d'un sphéroïde entièrement liquide, elle s'y enfoncerait, en grande partie, et n'en altérerait pas sensiblement la forme générale. Mais il n'en sera pas de même si l'on suppose le liquide recouvert par une enveloppe solidifiée, douée simultanément et dans une certaine mesure de rigidité et de flexibilité. Remarquons, en outre, que si le froid est assez intense, vers les pôles, pour avoir donné lieu à des masses aussi considérables de glace, le refroidissement de la surface primitive de la planète a pu être plus rapide dans ces régions qu'au voisinage de l'équateur. Dès lors la croûte solide qui s'est formée doit y être plus épaisse et plus rigide. N'est-il pas évident que, si les choses sont réellement dans l'état que nous venons de supposer, la pression due au poids des glaces polaires comprimera la planète dans le sens de la ligne des pôles, et produira un aplatissement qui viendra s'ajouter à celui qui résulte du mouvement de rotation?

	Durée des révolutions.			Aplatissement.
Jupiter	9 heures	50 minutes.....................		$\dfrac{1}{15}$
Saturne	10 —	2⅞ —	....	$\dfrac{1}{10}$
Mars	24 —	37 —	....	$\dfrac{1}{30}$

pôles, et enfin que ces diamètres extrêmes diffèrent entre eux de un trois centième environ. C'est précisément le résultat auquel arrivait Laplace, par le calcul de la rotation d'une masse fluide. Une si merveilleuse coïncidence ne saurait être l'effet du hasard, et ceux qui niaient la fluidité actuelle de la Terre furent au moins forcés de reconnaître, à partir de ce moment, qu'elle avait dû être primitivement fluide et avait conservé sa première forme en se solidifiant.

Bientôt après, aux travaux de Laplace succédèrent ceux de Cuvier. On sait que celui-ci, à l'aide de quelques ossements trouvés dans le sol, révéla tout un monde d'animaux dont la plupart ont totalement disparu.

Adolphe Brongniart donna la botanique des plantes fossiles. Puis, peu à peu, on classa toutes les coquilles fossiles, on détermina les caractères distinctifs de la *flore* et de la *faune* de chaque époque. Le résultat le plus important et le plus pratique de ces remarquables travaux de paléontologie (1), successivement complétés depuis lors par des savants éminents, a été assurément la faculté donnée au géologue de fixer avec certitude l'âge relatif d'un terrain, à la seule inspection de ses fossiles. Ainsi, deux portions de couches ayant été explorées dans deux localités différentes, on peut

---

(1 La paléontologie, du grec *palaios*, ancien, et *ontos*, être, est la connaissance des êtres organisés (végétaux ou animaux) dont les espèces sont éteintes. Bien qu'elle fasse partie de la géologie, qui ne pourrait s'en séparer, elle tend à former dans cette dernière science une branche distincte, tant à cause du développement qu'elle a pris successivement que parce que son étude approfondie exige des connaissances préalables toutes spéciales.

décider si elles appartiennent, oui ou non, à la même formation; et l'on peut affirmer parfois que deux dépôts sont contemporains, quoiqu'ils soient aujourd'hui séparés par l'Océan et situés dans les hémisphères opposés. Mais comme, dans ces phénomènes, tout se tient et s'enchaîne, les géologues ont aussi trouvé, dans la nature des fossiles contenus dans les couches les plus anciennes et qui se rapprochent tous de la flore et de la faune de la zone torride actuelle, une preuve de l'influence de la chaleur propre du globe sur le climat des premières époques géologiques.

Ce fut en 1821 que l'académicien Fourier publia un remarquable travail de physique mathématique, sa *Théorie analytique de la chaleur*. L'auteur s'était posé le problème suivant: déterminer, par la puissance du calcul, et en partant de quelques données incontestables, fournies par la physique, les lois de la distribution de la chaleur produite par les rayons du Soleil, tant à la surface qu'à l'intérieur de la Terre. Répondant à ces questions, Fourier donna l'explication théorique des climats et la loi du décroissement des températures moyennes, depuis l'équateur jusqu'aux pôles. Il fit voir que les portions du sol les plus voisines de la surface extérieure subissent des variations continuelles de température, résultant des alternatives de jour et de nuit, d'été et d'hiver. Mais il démontra en même temps que ces variations sont d'autant moins sensibles qu'on s'enfonce davantage au-dessous de la surface. En sorte qu'il existe nécessairement, à quelques mètres seulement de profondeur, un niveau où la température est complétement invariable et représente précisément la température moyenne du lieu. Ces dernières circonstances avaient déjà été reconnues expérimentalement, tant dans les caves de l'Observatoire de Paris que dans des localités situées sous divers climats. Mais si, à partir de ce premier niveau où règne une température permanente, on continue à descendre en s'enfonçant de plus en plus dans les profondeurs du globe, quelles températures y rencontrera-t-on? C'est cette importante question qui n'avait jamais été résolue d'une manière satisfaisante. Or, Fourier prouva que si le Soleil était la seule source entretenant la chaleur du sol, la température de celui-ci resterait toujours la même, quelle que fût la profondeur indéfinie à laquelle on pût s'enfoncer, en un lieu donné. Ce principe fondamental une fois admis, la question de savoir si la Terre possédait une chaleur propre s'est trouvée réduite à la constatation expérimentale des températures des couches profondes. En effet, si ces températures sont les mêmes à toutes les profondeurs, les choses se passent, en réalité, comme elles devraient se passer si le Soleil était l'unique source de la chaleur terrestre, et cette hypothèse doit être admise. Si au contraire on trouve (au delà du terrain superficiel soumis aux influences météorologiques) des régions du sol plus chaudes les unes que les autres, l'excès de chaleur, là où il se manifeste, ne peut provenir que d'un foyer quelconque, lequel ne pouvant être le Soleil existe nécessairement quelque part dans le globe terrestre lui-même.

Peu de temps après la publication des travaux de Fourier, Arago, préoccupé des idées qui précèdent, s'avisa un jour de prendre la température de l'eau qui

jaillissait d'une source, et fut frappé de trouver cette eau
très-sensiblement plus chaude que la température
moyenne du lieu. Ce fut pour lui un trait de lumière.
Il comprit immédiatement tout le parti qu'on pouvait
tirer des sources et des puits artésiens pour l'étude des
températures du sol. On sait que les sources sont le
produit des eaux pluviales qui pénètrent et imbibent le
sol sur de grandes étendues. Ces eaux se rassemblent
peu à peu soit dans les fissures principales, soit dans
certaines couches de terrain d'une nature éminemment
perméable, telles, par exemple, que les couches formées
de sables ou de graviers; puis, après un parcours souterrain plus ou moins long, ces mêmes eaux finissent
presque toujours par trouver, à un niveau plus bas que
celui où elles se sont primitivement introduites,
quelques issues par lesquelles elles s'écoulent au dehors.
Là où un orifice naturel n'existe pas, on peut parfois en
créer un artificiellement en atteignant, par un trou de
sonde, la couche aquifère. C'est ce qui constitue un
puits artésien. Or, l'eau d'une source, avant de rencontrer un libre conduit qui la ramène au jour, a été, en
général, pendant longtemps et sur de grands espaces
à l'état, pour ainsi dire, d'eau d'imbibition, en contact
excessivement intime avec le sol et ne pouvant circuler
qu'assez lentement dans de telles conditions. Cette eau
a pris alors la température du sol lui-même, température
qui, le plus souvent, ne sera modifiée que bien peu
pendant le court espace de temps que l'eau emploie pour
remonter jusqu'à l'air libre. Dans une foule de localités
il existe soit des puits forés, soit des fontaines qui jail-
lissent d'une grande profondeur à travers des crevasses
naturelles. Dans ces circonstances, il suffit de plonger un

thermomètre dans l'eau pendant quelques instants pour
avoir une détermination très-approximative de la température du sol à la profondeur d'où vient la source (1).

Si, au lieu d'avoir recours à ce moyen d'observation,
on veut constater directement la température des roches
à des profondeurs analogues, on ne peut opérer qu'au
fond de quelques mines, et encore l'opération n'est-elle
pas exempte de certaines difficultés. Il faut pouvoir établir une communication intime entre la roche et la boule
du thermomètre, se mettre à l'abri des eaux froides qui
parfois découlent de la superficie, se garantir de l'influence du courant d'air qui circule dans la mine, etc.(2).
Chacun comprendra donc combien, en tirant parti des

(1) Ce ne peut être là, en effet, qu'un moyen d'évaluation approxi-
matif, mais l'expérience a montré qu'il est suffisant pour certaines
études. Lorsqu'on veut obtenir, avec une rigoureuse exactitude, la
température des couches profondes qui contiennent la nappe d'eau
d'un puits artésien, on descend jusqu'au fond du forage, à l'aide
d'une tige de sonde, un thermomètre enregistreur, à maximum,
enfermé dans un étui en métal hermétiquement fermé, afin de
soustraire le thermomètre aux chocs et à la pression considérable
de l'eau au fond du trou. Arago a employé à des recherches de ce
genre des thermomètres à déversement, de Walferdin, qui, avec
l'emploi de précautions convenables, donnent des résultats d'une
grande précision.

(2) Pour avoir la température de la roche dans une mine, on
choisit un endroit où la roche soit sans fissures et ne donne pas
passage à des infiltrations d'eau. Le plus souvent on pratique,
avec les outils ordinaires du mineur, une cavité cylindrique d'environ 2 centimètres et demi de diamètre, et d'une profondeur
de 50 centimètres à 2 mètres. On remplit complétement cette cavité
d'eau ou de mercure, et on en bouche exactement l'orifice. Au bout
d'un temps suffisant pour que le liquide se soit mis tout entier en
équilibre de température avec la roche, on prend la température
de ce liquide. Cette température est donnée le plus souvent par un

sources, on a pu agrandir le champ des observations qui se rattachent à l'étude des températures terrestres.

Sous l'impulsion d'Arago, les ingénieurs des mines, les savants de toutes les parties du monde, les chefs de toutes les expéditions scientifiques, eurent bientôt pour mission de déterminer les températures du sol à diverses profondeurs. On put alors comparer des milliers d'observations embrassant toutes les longitudes et des latitudes s'étendant depuis l'équateur jusque vers le cercle polaire. Les expériences avaient été faites de diverses manières, et des moyens très-précis avaient été employés quelquefois. La température de la roche, dans les mines, avait été trouvée identique à celle des eaux souterraines aux mêmes profondeurs. Partout les résultats étaient semblables. Il était désormais établi

thermomètre ordinaire, dont la boule plonge dans le liquide et dont la tige traverse le bouchon.

Il paraîtra presque superflu de faire observer, tant le fait, constaté d'ailleurs par l'expérience, est facile à prévoir, que les températures de l'air, dans les galeries de mines, ne peuvent donner lieu à la constatation d'aucune loi régulière. Cette température, toujours sensiblement différente de celle de la roche, dépend de la température extérieure et de l'activité plus ou moins grande du courant d'air qui circule dans la mine. Cette température de l'air est toujours plus basse l'hiver que l'été ; tandis que celle de la roche, en un point donné, est toujours stationnaire et indépendante des saisons.

Il arrive accidentellement qu'il se trouve à l'état de dissémination, dans certaines roches, un composé de fer et de soufre, appelé *pyrite*, qui, sous l'influence de l'air et de l'eau, décompose cette dernière et donne lieu à du sulfate de fer. Cette réaction chimique échauffe le sol. L'échauffement peut être tel que c'est à cette cause qu'est dû l'embrasement de la houille, dans quelques mines. Ce phénomène, tout à fait local, est parfaitement connu des minéralogistes et des mineurs. Jamais un géologue ne confondra la chaleur attribuable à une cause de ce genre avec la chaleur normale et régulière des roches profondes.

qu'à partir de cette limite où les variations extérieures cessent de devenir sensibles, la température du sol allait toujours en croissant avec la profondeur, et, en outre, que cet acroissement était uniforme; en d'autres termes, proportionnel à l'augmentation de la profondeur. Ainsi, les températures intérieures du globe étaient bien éloignées de l'uniformité qu'eût exigée la loi de Fourier si les rayons solaires eussent été la seule source de la chaleur terrestre, comme on avait pu, à tort, le soupçonner autrefois. Ainsi, l'existence d'une chaleur propre au globe terrestre était, pour les physiciens et les géomètres, un fait démontré.

Nous venons de voir que les accroissements des températures du sol sont proportionnels aux accroissements de la profondeur. Or, d'après un principe de physique bien connu, établi par le raisonnement aidé du calcul et soumis maintes fois au contrôle de l'expérience, cette loi de proportionnalité est précisément celle de la distribution de la chaleur à l'intérieur des corps qui se refroidissent. Prenons une sphère solide, de matière quelconque; un boulet de canon, par exemple. Supposons-le d'abord échauffé dans un fourneau, de telle manière que la chaleur ait pu pénétrer jusqu'au centre et se répartir uniformément dans toute la masse. Retirons alors ce boulet du foyer et plaçons-le au dehors, dans un espace libre. Il commencera immédiatement à se refroidir, en faisant rayonner sa chaleur dans l'espace ou sur les corps voisins. Mais ce seront les parties du boulet les plus voisines de la surface qui se refroidiront les premières. En sorte qu'en peu d'instants le boulet ne possédera plus des températures uniformes,

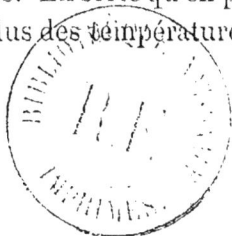

2

mais bien des températures croissantes, depuis la surface jusqu'au centre, et cela précisément dans la proportion des distances de chaque point à la surface. Au lieu d'un boulet massif, prenons une bombe creuse. Isolons-la, autant que possible, dans l'espace; puis, remplissons-en l'intérieur, en y introduisant une substance préalablement échauffée, que je supposerai un métal en fusion. Dans ce cas, la chaleur du métal intérieur s'écoulera, pour ainsi dire, à travers les parois de la bombe, en rayonnant dans l'espace, comme dans le cas précédent. Or, il en sera des parois de la bombe comme il en était du boulet; c'est-à-dire que la surface extérieure de cette paroi sera moins chaude que la surface interne en contact avec le métal fondu, et qu'entre ces deux surfaces les températures iront en croissant, toujours suivant la loi déjà invoquée. Qui pourrait n'être pas frappé de l'identité de ce qui se passe, dans de telles expériences, avec ce qui a été constaté à l'égard du globe terrestre?

Quant à la valeur numérique de l'accroissement de profondeur qui correspond, pour les températures terrestres, à un échauffement de 1 degré du thermomètre centigrade, il faut reconnaître qu'il n'y a pas identité parfaite entre les résultats des observations faites dans toutes les localités. Ici on trouve un accroissement de température de 1 degré pour 20 et quelques mètres; ailleurs il faut, pour trouver ce même accroissement de 1 degré, s'enfoncer de plus de 30 mètres, et même, dans quelques cas très-rares, aller à plus de 40 mètres. Il ne saurait en être autrement, et l'on pourrait dire que l'irrégularité des résultats des observations en confirme l'exactitude. Pour que la distribution de la chaleur dans le sol fût partout identique, il faudrait que ce sol fût composé d'une substance homogène qui fût la même dans toutes les contrées et à toutes les profondeurs (1). Il faudrait aussi supprimer cette circulation capricieuse des eaux souterraines, qui apporte inévitablement des perturbations toutes spéciales dans ce que je pourrais appeler la température naturelle du sol (2). Quoi qu'il en soit, et malgré les anomalies apparentes que j'ai tenu

---

(1) On sait que les divers corps sont loin d'être également bons conducteurs de la chaleur. Or, dans un corps qui se refroidit, ou dans une enveloppe à travers laquelle s'écoule la chaleur d'un foyer, les profondeurs correspondantes à un même accroissement de température sont proportionnelles aux conductibilités.

La nature chimique d'une substance, son état moléculaire, son état d'agrégation, son tassement plus ou moins complet s'il s'agit d'une matière désagrégée, le plus ou moins d'eau d'imbibition, etc., sont autant de circonstances qui font varier à l'infini les pouvoirs conducteurs.

Voici en nombres ronds, d'après Despretz, les pouvoirs conducteurs de quelques corps, à l'égard de la chaleur :

Or	1,000
Cuivre	898
Fer	374
Pomb	179
Marbre	23
Porcelaine	12
Terre cuite	11

(2) Il est évident que les eaux modifient d'abord la température du sol en raison de leur propre température initiale ; puis, dans leur trajet souterrain, si elles passent d'une région froide à une région plus chaude, elles tendront à refroidir cette dernière, *et vice versa.* Comme la masse du sol est, presque toujours, bien plus considérable que celle de l'eau qui filtre dans ses interstices, c'est en général l'eau qui finit par acquérir la température du sol. Il y a là, toutefois, une cause théorique de perturbation qui, dans quelques cas, devient appréciable et explique certaines anomalies apparentes.

à signaler, lorsqu'on rapproche les résultats d'un nombre suffisant d'observations prises parmi celles qui méritent le plus de confiance, les lois générales que j'ai précédemment formulées se dégagent clairement. Nous pouvons donc les maintenir et ajouter, sans risque de commettre aucune erreur importante, que *la température du sol s'accroît de 1 degré thermométrique par chaque 30 mètres environ de profondeur* (1).

(1) Lorsqu'à partir des plus basses régions on s'élève soit en ballon, soit en gravissant les irrégularités de la surface terrestre, chacun sait que l'on rencontre des températures constamment décroissantes. Au premier abord, on pourrait être tenté de croire que cette progression de froid n'est qu'une simple continuation de la série des températures que nous avons constatées au-dessous de la surface du sol. Il y a là, néanmoins, deux phénomènes d'ordres bien distincts et qu'il faut se garder de confondre : l'un, qui tient, comme nous l'avons dit, à la présence d'un foyer de chaleur à l'intérieur du globe, est relatif aux roches dont se compose le sol et n'affecte que très-indirectement l'air contenu dans les excavations profondes ; l'autre, qui provient d'un inégal échauffement des diverses couches de l'air par les rayons solaires, est au contraire purement atmosphérique. Le décroissement des températures de l'air, à mesure que l'on s'élève, est donc du domaine de la météorologie. Il est en moyenne d'environ 1 degré par 180 mètres d'élévation, bien que les résultats s'écartent souvent beaucoup de cette moyenne. Il tient enfin à des causes complexes que les physiciens expliquent à peu près comme il suit :

1° Lorsque les rayons, venant directement du Soleil, traversent, par exemple, une plaque de verre parfaitement transparente, ils ne l'échauffent pas d'une manière sensible. Ils communiquent, au contraire, une certaine chaleur à un corps qui n'est qu'à demi translucide ; et cela d'autant plus que le corps est moins translucide. Ils échauffent bien davantage encore un corps opaque. En résumé, l'échauffement paraît proportionnel à la quantité de rayons interceptés, absorbés, pour ainsi dire, par le corps placé sur le trajet des rayons solaires. Or, les parties supérieures de l'atmosphère sont d'une extrême transparence ; elles sont en conséquence trespeu échauffées par les rayons solaires qui les traversent. Les cou-

La loi dont nous venons de constater l'existence, jusqu'aux limites qu'ont atteintes nos sondages les plus profonds, ne saurait s'arrêter brusquement à ce terme. Bien plus, si cette loi résulte, ainsi que nous devons le croire, de la transmission d'une chaleur interne à travers les parties superficielles du globe, elle ne pourrait être, en quoi que ce soit, modifiée (même dans les profondeurs inexplorées) qu'autant que le sol lui-même cesserait d'être composé de roches solides, analogues à celles que nous connaissons. Il nous est donc permis de supposer la profondeur à laquelle doit exister telle ou

---

ches atmosphériques inférieures, plus chargées de vapeurs et plus comprimées, jouissent d'une transparence très-sensiblement moindre. Elles absorbent, en conséquence, à leur passage, une certaine fraction des rayons solaires, et s'échauffent en raison de cette absorption.

2° La plus grande partie des rayons solaires traverse néanmoins toute l'atmosphère sans y laisser de traces, et vient frapper le sol ou les corps placés à sa surface. Une partie de ces rayons est immédiatement réfléchie dans l'espace (plus particulièrement à la surface des corps polis). La plus grande partie est, au contraire, absorbée et échauffe le sol et les corps qu'il supporte. Le sol et les divers objets ainsi échauffés deviennent alors, à leur tour, d'importantes sources de chaleur qui rayonnent dans toutes les directions. Mais les substances terrestres, en absorbant momentanément les rayons solaires, semblent les avoir transformés, et les rayons émis par ces corps jouissent de certaines propriétés qui diffèrent essentiellement de celles que possédaient les rayons émanant directement du Soleil. Contrairement à ce qui avait lieu pour ces derniers, les corps diaphanes ne laissent passer que la partie lumineuse des rayons émis par une source terrestre, et ils en absorbent, avec la plus grande facilité, toute la chaleur (quel que soit d'ailleurs leur degré de translucidité). Il en résulte que la chaleur des rayons émis par le sol échauffé, et retournant vers les espaces célestes, est presque instantanément absorbée par les couches d'air les plus voisines du sol ; et s'il arrive quelques rayons jusqu'aux couches élevées de l'atmosphère, ce ne sont plus guère que des

telle température. Ce calcul, qui se fera par une simple proportion, nous conduit à de bien remarquables conséquences savoir : qu'à une profondeur de 25 à 30 kilomètres seulement la température doit être au moins égale à celle d'un fer rouge, et qu'au delà d'une profondeur que les évaluations les plus probables portent à 40 kilomètres environ, les pierres et les métaux ne peuvent exister qu'à l'état de fusion (1).

rayons lumineux, mais incapables de produire aucun effet calorifique sensible.

3° On pourrait croire tout d'abord que les couches inférieures de l'atmosphère, échauffées par le double phénomène que je viens d'indiquer, doivent s'élever, se mélanger au reste de l'atmosphère et régulariser ainsi les températures dans toute son étendue : le plus souvent il n'en est rien. Une certaine quantité d'air s'étant échauffée au contact du sol s'est dilatée ; elle est devenue plus légère que les parties voisines : cela est vrai. Elle tend donc d'abord à s'élever : cela est vrai encore. Mais le mouvement ascensionnel n'est pas plus tôt commencé que la portion d'air considérée, se trouvant successivement portée à des hauteurs où la pression est moindre, éprouve une nouvelle dilatation. Or, comme une dilatation ne peut se faire sans consommation d'une certaine quantité de chaleur ; comme aucune quantité n'en est fournie à l'air pendant ce mouvement, la dilatation a lieu aux dépens de la chaleur sensible de l'air dont il s'agit, lequel perd ainsi très-rapidement son excès de température. Cet air a ainsi bientôt atteint un niveau où il se trouve en équilibre et de température et de pression avec celui qui s'y trouvait d'avance. Ainsi, la circulation qui nous occupe se trouve circonscrite de fait dans une zone très-limitée de l'atmosphère inférieure ; ainsi aucune portion d'air chaud ne peut parvenir jusqu'aux régions élevées de l'atmosphère, sauf toutefois les perturbations, tout accidentelles, que pourraient produire des vents, des orages, etc.

(1) A cause de l'imperfection des moyens de mesurer les hautes températures auxquelles les thermomètres ne pourraient résister, il règne quelque incertitude sur la valeur des points de fusion des pierres et des métaux, exprimés en degrés correspondants à ceux du thermomètre ordinaire. Autrefois on avait beaucoup exagéré les

Nous concevons donc la Terre comme une masse de matières en fusion qui, par des causes inconnues et à une certaine époque au delà de laquelle je n'essaierai pas de pénétrer, a été lancée dans l'espace avec un mouvement initial de rotation. En vertu de ce mouvement, elle a pris la forme que nous lui connaissons, qui est celle qui réalise l'équilibre entre les attractions réciproques de toutes les molécules, suivant les lois de la gravitation universelle. Comme tous les corps plus chauds que le milieu qui les environne, la Terre s'est graduellement refroidie, en faisant rayonner sa chaleur dans l'espace céleste dont la température est de 50 à 60 degrés au-dessous de zéro (1). Lorsque la température de la surface s'est trouvée réduite à peu près au point

températures que l'on croyait nécessaires pour fondre les substances en question.

Voici quelques-uns des chiffres qui paraissent avoir été obtenus par les méthodes les plus exactes :

D'après Pouillet,

Le rouge cerise correspond à.......	1,000 degrés.
Le rouge blanc vif à................	1,500 —

D'après Mitscherlich,

L'argent fond à.....................	1,023 degrés.
Le granit à........................	1,300 —
Le platine à	1,500 —
Le fer (environ) à..................	1,400 —

(1) Quelques auteurs ont supposé, un peu gratuitement il est vrai, que le froid était prodigieux dans l'espace céleste au delà de notre atmosphère. On a parlé de froids de 4 ou 500 degrés au-dessous de zéro de notre thermomètre. Ces hypothèses sont fort exagérées. Fourier, qui a fait une étude extrêmement sérieuse et approfondie sur la distribution de la chaleur solaire, a combattu les assertions qui précèdent. Il a établi que l'on peut mathématiquement expliquer les températures observées pendant les nuits, sous diverses latitudes, en admettant au delà de l'atmosphère une température uniforme et constante de 50 à 60 degrés au-dessous de 0.

de fusion des matières qui la composaient, il a dû se former une pellicule ou croûte solide, comme cela a lieu à la surface de tout liquide lorsqu'il commence à passer, par voie de refroidissement, de l'état liquide à l'état solide ; puis, le refroidissement continuant, l'eau, qui jusque là n'avait pu exister dans le voisinage de la Terre qu'à l'état de vapeur, s'est condensée en grande partie, et les premières mers ont été formées.

Si nous figurions, en petit, la Terre par une sphère de 1 mètre de diamètre, la croûte solide actuelle n'aurait, sur cette image réduite, que 3 millimètres environ : l'épaisseur d'une feuille assez mince de carton ! La couche extérieure d'air, qui représenterait l'atmosphère, ne serait guère plus épaisse (1). Quant aux montagnes, elles ne formeraient sur la boule en question que des rugosités à peine perceptibles, les plus hautes de toutes ne dépassant guère, comme saillie, la moitié d'un millimètre (2).

(1) Voici, d'après l'*Annuaire du Bureau des longitudes*, les principales dimensions de la Terre :

Rayon de l'équateur....................	6,378,233 mètres.
Rayon du pôle.........................	6,356,558 —
Rayon moyen (la Terre étant considérée comme sphérique)....................	6,366,198 —
Circonférence du méridien.............	40,000,000 —
Aplatissement total, ou différence du plus grand et du plus petit diamètre........	21,675 —

D'après Arago (*Astronomie populaire*, tome III, page 185), la hauteur de l'atmosphère peut être évaluée à 48,000 mètres environ. On est au surplus très-peu fixé aujourd'hui sur la hauteur réelle où se trouvent les extrêmes limites de l'atmosphère. D'après diverses observations modernes, telle par exemple que celle des étoiles filantes, on incline généralement à croire que l'atmosphère s'étendrait environ 3 fois plus loin que ne le supposait Arago.

(2) Voici, d'après Humboldt, les hauteurs au-dessus du niveau

Ainsi voyons-nous, d'une manière frappante, combien le domaine de l'homme sur la Terre est restreint, du moins en épaisseur, l'énorme masse du fluide incandescent formant à elle seule bien près de la totalité de notre planète.

Je sais bien que toutes ces conclusions n'ont point été universellement adoptées sans avoir soulevé quelques objections. Chacun ne s'accoutume pas tout d'abord à l'idée qu'il a, sous ses pieds, un immense océan de feu. On a calculé qu'en prolongeant la série croissante des températures, depuis la surface jusqu'à une profondeur égale au rayon de la Terre, on arriverait, pour le centre de celle-ci, à une prodigieuse chaleur, voisine de 2 millions de degrés! Alors on a crié à l'absurde. On a prétendu que si jamais une pareille température avait pu exister un instant, elle aurait réduit en vapeurs même les corps les plus réfractaires, et que le globe terrestre aurait été complétement dispersé dans l'espace par une formidable explosion. Une telle objection, quoi-

des mers de quelques-unes des saillies les plus remarquables du globe :

Hauteur moyenne des Alpes	2,540	mètres.
Hauteur moyenne des Pyrénées	2,437	—
Hauteur moyenne des Andes (Amérique)	3,607	—
Hauteur moyenne de l'Himalaya (Asie)	4,777	—
Hauteur de la cime du Néthou (Pyrénées)	3,485	—
Hauteur de la cime du mont Blanc (Alpes)	4,815	—
Hauteur de la cime de l'Aconcagua (Andes)	7,291	—
Hauteur de la cime du Kintchinjinga (Himalaya)	8,592	—

Sur un globe de 1 mètre de diamètre, un demi-millimètre représente 6,366 mètres. D'après les connaissances géographiques actuelles, il n'y aurait guère sur toute la Terre qu'une douzaine de points environ dépassant un peu cette latitude.

qu'elle ait été formulée parfois, même par des esprits éminents, n'a, il faut bien le dire, aucune portée sérieuse au point de vue scientifique. Même en acceptant, pour un instant, l'hypothèse, vraisemblablement très-exagérée, d'une température de 2 millions de degrés, pourquoi donc notre esprit se révolterait-il à cette idée plutôt qu'il ne le fait, par exemple, en face de ces nombres composés de millions de millions que nous citent les astronomes, quand il s'agit d'évaluer les distances respectives de certains astres ? Toutes les fois que nous voudrons tenter de pénétrer du regard au delà du cercle infiniment petit dans lequel nous nous mouvons, il faudra bien nous attendre à rencontrer de ces grandeurs, complétement différentes de celles qui nous sont devenues familières par l'habitude de chaque jour. Mais ce n'est pas l'immensité de l'univers, c'est plutôt notre petitesse qui devrait nous étonner. Pour en revenir à la question, nous devons admettre, j'en conviens, que tous les corps sont susceptibles de se volatiliser à une température suffisante. Mais, pour être dans le vrai, il faut ajouter qu'une vapeur ne peut ni se dégager en abondance ni produire un effet mécanique qu'autant que sa force élastique est au moins égale à celle du milieu ambiant. Or, les parties les plus intérieures du globe supportent, ou bien peu s'en faut, le poids de toutes les parties plus extérieures, y compris les mers et l'atmosphère. Au centre, la pression sur une surface d'étendue déterminée se mesurerait par l'énorme poids d'une colonne ayant pour base cette même surface, pour hauteur le rayon terrestre étendu jusqu'aux extrêmes limites de l'atmosphère, et qui serait composée des mêmes substances que la Terre elle-même, employées dans les mêmes proportions. Si nous faisons le calcul d'un tel poids, nous trouverons qu'il correspond, en nombre rond, à une pression de 3 millions d'atmosphères ! Tel est le chiffre que nous pourrons opposer aux 2 millions de degrés de température. Cherchons ce qui doit se passer dans de telles conditions. Si l'on suppose, pour un instant, que des substances très-diverses aient pu originairement occuper la partie la plus centrale de la Terre, il est facile de voir qu'un tel état de choses n'aurait pu subsister. La haute température qui règne dans ces régions aurait opéré elle-même une première séparation. En effet, les substances les plus volatilisables auraient été successivement reportées à l'état de vapeurs vers les parties de plus en plus extérieures, jusqu'à ce que chacune d'elles eût rencontré une zone dont la température, suffisamment réduite, lui eût permis de se condenser. Mais, d'un autre côté, d'importantes considérations tendent à prouver qu'une division a dû s'opérer aussi, à l'intérieur de la Terre, en vertu des lois de la pesanteur. Les diverses matières fondues ont dû, forcément, se disposer par couches sphériques, concentriques et superposées : celles qui sont douées des plus grandes pesanteurs spécifiques occupant les parties les plus centrales ; les autres prenant des positions de plus en plus extérieures, suivant l'ordre décroissant de leurs densités. Par suite de ces deux effets combinés, il ne peut exister dans les régions voisines du centre de la Terre que des corps jouissant de la double propriété d'être très-denses et très-difficiles à réduire en vapeur. Or, ces conditions, auxquelles nous arrivons par un raisonnement abstrait, la nature a fort bien pu les réaliser. Elle possède des corps qui jouissent du double caractère indispensable.

Nous les connaissons, du moins en partie : ce sont en premier lieu le platine, et après lui l'or et les métaux congénères du platine (1). Il me paraît complétement rationnel d'admettre que de tels corps occupent réellement les régions les plus centrales du globe (2). Nous avons ainsi une explication suffisante de l'état permanent dans lequel subsiste la Terre. A moins, toutefois, que la force élastique des vapeurs du platine, à 2 millions de degrés de température, ne surpasse 3 millions d'atmosphères. C'est ce que personne assurément ne saurait démontrer, et ce dont il est permis de douter.

J'ai dit, au surplus, que la température calculée en prolongeant, jusqu'au centre de la Terre, la loi d'accroissement observée dans l'enveloppe solide, est certainement exagérée. C'est qu'en effet l'accroissement des températures ne peut suivre une loi continue et toujours

(1) La densité de l'eau étant de 1, celle de la plupart des pierres et des roches est comprise entre 2 1/2 et 2 3/4.

En nombres ronds :

Celle du platine est............................	22
Celle de l'or....................................	19
Celle de l'iridium..............................	19
Celle du palladium	11
Celle du rhodium..............................	11
Celle de l'osmium.............................	10

On sait d'ailleurs que la densité moyenne de la Terre prise dans son ensemble est environ 5 1/2. (Voir la II⁰ partie.)

(2) Remarquons encore que les métaux dont il s'agit, outre leur grande densité et leur fixité en présence de la chaleur, ont encore la propriété remarquable de ne former à la chaleur rouge aucun composé chimique connu, avec les autres corps. On ne voit donc *a priori* aucune objection à ce que de tels métaux existent à l'état métallique dans l'intérieur de la Terre.

la même, que dans un milieu également continu et homogène. Autant il est rationnel d'admettre que, dans des roches solides, la température ne saurait varier brusquement dans le passage d'un point à un autre; autant il serait absurde de supposer que la chaleur se propage dans un milieu liquide, exactement comme elle le fait dans un solide. Qui ne sait que lorsqu'une chaudière pleine d'eau est placée au-dessus d'un foyer les couches d'eau supérieures sont toujours aussi chaudes, si ce n'est plus, que celles qui sont proches du fond? Cela tient à ce que les molécules d'eau échauffées, étant dilatées par la chaleur, gagnent immédiatement la surface en vertu de leur faible pesanteur spécifique; tandis que les molécules relativement froides, étant aussi les plus denses, se précipitent vers le fond. Il est vrai que cet exemple ne saurait s'appliquer sans restrictions à l'intérieur de la Terre, puisque nous admettons que celle-ci comprend diverses couches liquides, essentiellement distinctes et non susceptibles de se mélanger (1). Mais la circulation moléculaire, tendant à égaliser les températures, aura lieu du moins dans l'intérieur de chaque couche, et la température ne pourra augmenter que dans le passage d'une couche à la suivante. Rien, d'autre part, ne nous porte à supposer que le nombre de ces couches soit bien considérable. Nous pouvons parfaitement concevoir que la masse principale du globe terrestre est composée d'une seule substance liquide, très-chargée de divers oxydes métalliques fusibles, d'une densité en quelque sorte moyenne

(1) La nécessité d'admettre, à l'intérieur de la Terre, plusieurs couches concentriques de densités inégales résulte de ce qui sera exposé au commencement de la II⁰ partie.

et d'une grande fluidité (1). Dans cette masse principale régnerait une température uniforme et modérée. Quelques substances très-lourdes (les métaux difficilement oxydables) formeraient un petit noyau central. Quelques matières légères, surnageant pour ainsi dire comme une écume, seraient celles dont la solidification partielle a formé les roches que nous connaissons. Dans cette hypothèse, qui ne serait en contradiction avec aucun des faits connus, il serait inutile d'invoquer des températures bien supérieures à celles de nos appareils métallurgiques.

Le mathématicien Poisson, en opposition à la théorie des géologues, a proposé à peu près la suivante : « Le Soleil, non plus que les étoiles, n'ont qu'une fixité relative. Il est vraisemblable que tout notre système planétaire se transporte à travers l'espace. Mais qui nous dit que cet espace immense soit partout à la même température ? Il est vrai que la Terre se trouve aujourd'hui dans une région du ciel dont la température est notablement au-dessous de zéro. Mais ne se pourrait-il pas qu'elle eût traversé, il y a de cela un grand nombre de siècles, quelque région très-chaude ? La surface de la Terre aurait pu être, dans ce cas, fortement échauffée et même portée, si l'on veut, jusqu'à la fusion. Aujourd'hui nous serions dans une période de refroidissement. »

---

(1) On sait que, dans les opérations métallurgiques, c'est surtout aux oxydes métalliques qu'est due la fluidité plus ou moins parfaite des *scories* (matières pierreuses fondues). Certains de ces oxydes sont également propres à augmenter la pesanteur spécifique du bain de scories. On sait, d'autre part, que l'intérieur de la Terre doit avoir une densité notablement supérieure à celle des roches de la surface.

Cette hypothèse expliquerait le reste de chaleur propre
que l'on constate à des profondeurs peu éloignées de la
surface. On voit que, selon Poisson, la Terre, au lieu
d'aller en se solidifiant en commençant par la surface, se
serait solidifiée, au contraire, à partir d'un noyau solide
qui aurait toujours subsisté dans son intérieur. Quelque
ingénieuses que soient ces idées de l'habile géomètre,
elles sont bien éloignées de cette simplicité et de cette
unité grandiose qui président en général aux principaux
phénomènes naturels. D'abord, ces alternatives de
régions célestes douées de températures tellement
dissemblables constituent une hypothèse bizarre et
tout à fait gratuite. Comment d'ailleurs rendre compte,
dans ce système, de la forme sphéroïdale de la Terre et
des autres planètes ? Comment expliquer la présence
vers le centre des substances les plus lourdes et celle
des plus légères dans le voisinage de la surface ? Dira-t-on
qu'un échauffement passager, en liquéfiant momentanément la superficie des planètes, leur a permis de
prendre leur forme actuelle ? Mais alors que devient,
antérieurement à cet événement, tout le mécanisme du
système du monde ? D'ailleurs, nous verrons bientôt que
le sol est sans cesse oscillant, qu'il est susceptible de se
plisser, de se rompre, comme le ferait une pellicule ou
une croûte mince surnageant à un liquide. Nous verrons,
pendant toutes les périodes géologiques, apparaître, à
travers les crevasses de cette croûte, une série non
interrompue de matières sortant de dessous terre dans
des états plus ou moins complets d'incandescence et de
liquéfaction. Tous ces faits ne peuvent s'expliquer que
par la fluidité intérieure du globe. Poisson lui-même n'a
pu résister longtemps à l'évidence de ces diverses

objections ; il a fini par reconnaître que la Terre pouvait bien avoir été fondue jusqu'à une grande profondeur, peut-être même jusqu'au centre. Après un tel aveu, il ne reste guère de son système qu'une hypothèse très-hasardée sur la cause de la chaleur de la Terre.

J'ajouterai, pour terminer, qu'on avait cru voir, dans l'étendue de ces déplacements lents de l'axe de rotation de la Terre par rapport aux étoiles, qui sont connus sous les noms de *précession* et de *nutation,* un fait contraire à l'existence d'une masse liquide au-dessous de l'enveloppe superficielle du globe. Mais M. Delaunay a complétement levé cette difficulté apparente (1).

(1) On sait que les mouvements de précession et de nutation sont les conséquences des attractions respectives que le Soleil et la Lune exercent sur le renflement équatorial de la Terre. Or, quelques astronomes avaient prétendu que si la Terre était un globe liquide recouvert seulement d'une mince enveloppe solide, des forces extérieures, appliquées à des points voisins de la surface, n'affecteraient que le mouvement de l'enveloppe et que, par suite de la faible masse de cette dernière, les effets de précession et de nutation seraient bien autrement considérables que ceux qui ont lieu réellement. M. Delaunay a fait observer que la division du globe terrestre en deux parties, l'une solide et l'autre liquide, n'entraîne nullement, comme conséquence nécessaire, l'indépendance des mouvements de ces deux parties. Tous les liquides, en effet, sont plus ou moins visqueux. En d'autres termes, leurs molécules adhèrent les unes aux autres ainsi qu'aux parois solides avec lesquelles elles se trouvent en contact. Pour qu'une enveloppe sphérique et le liquide contenu puissent se mouvoir isolément, il faut que la force motrice extérieure soit supérieure en intensité au frottement total du liquide contre l'enveloppe. Dans le cas de forces accélératrices plus faibles, le système se mouvra exactement comme s'il ne formait qu'une masse unique. En considération de la grande surface de contact que présente l'enveloppe terrestre et de la faiblesse des actions perturbatrices qui donnent lieu à la

La série des importants travaux que nous venons de passer rapidement en revue a donc établi la température élevée des parties de la Terre situées à une certaine profondeur, ainsi que l'état de fluidité qui en est une conséquence inévitable. Il nous restera à étudier l'influence qu'ont exercée ces propriétés importantes du

précession et à la nutation, on s'explique facilement que la Terre puisse être dans ce dernier cas.

Afin de traduire en faits visibles et indéniables les idées qui précèdent, M. Champagneul, professeur de physique, a exécuté, à la demande de M. Delaunay, l'expérience suivante :

Un ballon sphérique, en verre, disposé pour recevoir à volonté un mouvement de rotation, est rempli d'eau tenant en suspension des corps convenables, de manière que les mouvements relatifs de l'eau et du ballon soient très-facilement perçus. Si, à l'aide d'une force motrice suffisante, on modifie considérablement, dans un temps très-court, la vitesse de rotation de l'appareil, il y a sépara_tion distincte entre le mouvement du ballon et celui de l'eau contenue ; mais si on emploie une force motrice faible, continue et sensiblement régulière, on peut mettre peu à peu l'appareil en mouvement, puis soit entretenir une vitesse uniforme, soit accélérer ou ralentir graduellement celle-ci. L'eau, dans ces circonstances, ne cesse de suivre les mouvements de l'enveloppe qui la contient, exactement comme si elle était congelée.

Une expérience encore plus simple, et que chacun a répétée étant enfant, repose sur les mêmes principes de mécanique que celle qui précède. Des dames de tric-trac étant empilées sur une table, si l'on choque très-vivement dans le sens horizontal la dame inférieure, elle entre seule en mouvement et sort de dessous les autres ; mais si l'on pousse la dame inférieure avec une force modérée, d'une manière continue et sans secousses, on promènera aussi longtemps qu'on voudra, sur la table, la pile toute entière comme si elle ne faisait qu'une seule masse. N'est-il pas évident que les lois du mouvement sont, dans ce dernier cas, exactement les mêmes que si on faisait mouvoir un corps unique ayant à lui seul le poids total des dames réunies ? Qui donc pourrait conclure, de ce que la pile de dames se meut évidemment comme une seule masse, que cette masse ne présente pas de solutions de continuité, qu'elle est un corps solide et indivisible ?

globe dans les révolutions successives qu'il a subies, et dont l'histoire se trouve écrite à chaque pas en caractères matériels et tangibles. En admettant qu'il puisse subsister quelques doutes dans les esprits tant qu'on n'envisage la question de la constitution du globle terrestre qu'à un point de vue purement abstrait, nous verrons que ce doute n'est plus permis depuis les travaux de ces hommes qui ont consacré leur vie entière à l'étude du sol lui-même, ne laissant pas un point inexploré depuis les cimes des plus hautes montagnes jusqu'aux profondeurs des mines ; tels que les de La Bèche, les Lyell en Angleterre, les de Buch, les de Humboldt en Allemagne, les Dufrénoy, les Élie de Beaumont en France. Je ne puis les citer tous, ceux qui ont glorieusement contribué à la formation de la science moderne ; mais, à la suite des premiers maîtres éminents que je viens de nommer, marche aujourd'hui toute une légion de géologues prêts à se lever tous ensemble pour vous dire : « Le principe de la chaleur interne et de la fluidité de la Terre a été le flambeau devant lequel les obscurités de la science se sont évanouies. A sa clarté l'ordre a remplacé le chaos, et lorsqu'une hypothèse rend compte d'une manière aussi simple, aussi saisissante, des faits, en apparence, les plus compliqués, elle n'est plus une hypothèse, elle est la vérité. »

DEUXIÈME PARTIE

RAPIDE COUP-D'ŒIL GÉOLOGIQUE

PREUVES MATÉRIELLES

A L'APPUI DES PRINCIPES ÉNONCÉS DANS LA PREMIÈRE PARTIE

———

Si nous jetons un premier coup-d'œil d'ensemble sur la surface de la Terre, nous y verrons différents terrains diversement distribués. Mais il est facile de reconnaître l'existence d'une roche qui embrasse toute la périphérie du globe et qui, dans les localités où elle ne se montre pas à la surface, sert de base et de support aux autres formations. Cette base, cette première enveloppe de la Terre, c'est le granit (1). Le granit est un des types les plus caractéristiques de ces roches qui se distinguent essentiellement, d'une part, par leur disposition générale dans laquelle on ne découvre aucun indice de dépôts

---

(1) Le type du granit est une pierre dure, consistant en une aggrégation de cristaux entremêlés, de trois minéraux différents, *feldspath, quarz, mica.* Parfois un des minéraux composants est remplacé par un minéral analogue quoiqu'un peu différent. Il arrive même que l'un d'eux manque complétement. De là une série de roches dites *granitiques,* auxquelles on a donné des noms particuliers, mais qui jouent en géologie le même rôle que le granit, dont elles ne sont que des variétés. Quand je parle ici du granit, je considère l'ensemble de toutes ces roches.

successifs ; d'autre part, par l'absence absolue, dans leur intérieur, de toute espèce de débris d'êtres organisés. En admettant la fluidité primitive de la Terre, ce serait donc le granit qui représenterait la première croûte solidifiée par le refroidissement. Dans tous les cas, nos plus profondes excavations verticales n'ont jamais atteint les limites inférieures du granit. Ce qu'il y a au-dessous, le raisonnement seul peut nous amener à nous en faire une idée.

L'astronomie et la physique ont successivement établi, d'une manière péremptoire, que la densité moyenne de la Terre est environ cinq fois et demie celle de l'eau. Or, la densité du granit, par rapport à la même unité, est seulement de deux trois quarts. Quant à celle de l'ensemble des autres matériaux qui sont superposés au granit, elle est moindre encore. Il est donc indispensable qu'il y ait en compensation, à l'intérieur de la Terre, des substances beaucoup plus lourdes que celles qui forment les masses principales à la surface. En vérité, si la Terre eût été dès l'origine créée à l'état solide et comme taillée dans un seul bloc, il serait bien étrange que toutes les parties extérieures fussent si légères relativement au poids total de la masse. Pour nous qui considérons la Terre comme fluide, nous avons déjà été conduits, par l'étude des conditions générales de l'équilibre des fluides mélangés, à admettre que des substances plus lourdes que les roches pierreuses et très-probablement métalliques occupent les parties les plus centrales du globe. Nous ne verrons dès lors, dans la légèreté constatée des principaux matériaux qui se trouvent à la surface, qu'une confirmation de nos idées.

D'après ce que je viens de dire, il serait inutile de démontrer longuement que l'eau ni une matière gazeuse ne sauraient former le noyau central de la Terre. A plus forte raison devons-nous repousser comme les rêves d'une imagination fantastique les systèmes qui nous la dépeignent comme renfermant de vastes cavités. Si un spirituel littérateur de nos jours a ressuscité ces anciennes chimères pour amuser ses lecteurs, aucun d'eux, je l'espère, n'a eu l'idée de le prendre au sérieux.

Mais poursuivons l'examen de la superficie terrestre. Un fait qui dans tous les temps a frappé les observateurs, c'est que les terrains contenant des fossiles marins se trouvent à peu près partout. Quelques partisans du système neptunien, pour expliquer cette circonstance, avaient imaginé un océan primitif couvrant à la fois toute la Terre, même les lieux les plus élevés. Mais comment alors rendre compte d'une manière un peu satisfaisante de la diminution de cet océan immense et de l'apparition des continents? Si, au contraire, la mer était limitée dès le principe aux régions les plus basses, cette mer aurait dû rester à jamais immobile dans son lit; et c'est alors la formation des dépôts sédimentaires jusque sur les flancs des plus hautes montagnes qui reste une énigme. On est donc forcé, pour interpréter les faits, de recourir à l'intervention de phénomènes d'un autre ordre.

Mais rendons-nous bien compte d'abord de la disposition relative des divers terrains sédimentaires. J'ai dit que ces dépôts se rencontrent presque partout. On se tromperait grandement pourtant si l'on se figurait que les mêmes couches s'étendent, régulièrement et sans discontinuité, sur toute la surface du globe. Loin de là :

elles forment des groupes distincts de couches superposées dont chacun n'a qu'une étendue superficielle limitée et comparable à l'étendue actuelle d'une mer ou d'une province. Pour mieux fixer nos idées, revenons par la pensée au petit globe terrestre de un mètre de diamètre, et cherchons à y figurer les divers groupes de couches sédimentaires. Chacun de ces groupes, à l'échelle que nous avons adoptée, n'excédera guère en épaisseur celle d'une forte feuille de papier. Prenons donc du papier de divers formats et de diverses couleurs, pour représenter les formations différentes. Déchiquetons les bords des feuilles pour leur donner des formes irrégulières comme celles des pays sur les cartes géographiques; puis collons ces feuilles de papier sur notre sphère, au hasard, à tâtons : les feuilles s'écartant ici les unes des autres, ailleurs se croisant, chevauchant de toutes les manières possibles, pourvu qu'il y en ait un peu partout. Nous aurons ainsi représenté d'une façon, bien grossière j'en conviens, mais pourtant assez juste, sinon les contours réels, du moins le mode de distribution des formations de sédiment. Mais chacune de ces formations distinctes a pris naissance au fond d'une mer. Donc ce qui était le fond, le milieu d'une mer, est parfois devenu, à une autre époque, le rivage d'une autre mer; ce qui a été mer est souvent devenu continent, puis est en partie redevenu mer, et ainsi de suite. Mais l'eau ne peut se maintenir que dans les bas-fonds. Donc ce qui était un bas-fond à une époque était une partie élevée à une autre époque, et réciproquement. Il faut donc que le relief du terrain se soit modifié à plusieurs reprises, que telles parties aient été déprimées, que d'autres aient été exhaussées.

Quant à nous qui considérons la partie solide de la
Terre presque comme une pellicule à la surface d'un
fluide, nous comprendrons facilement qu'elle ne soit pas
dans une immobilité absolue ; qu'elle ait ses fluctuations,
ses ondulations. Au surplus, quelles dépressions du sol
faudra-t-il pour maintenir provisoirement une mer ? Un
peu plus que l'épaisseur d'une feuille de papier sur
une sphère de 1 mètre de diamètre ! Qu'est-ce que cela ?
moins que rien quant à la forme générale ; mais, pour le
phénomène qui nous occupe, cela peut suffire à la ri-
gueur. L'eau, qui gagne toujours les lieux les plus bas,
suit le mouvement des déformations de la croûte
terrestre, tantôt inondant ce qui était auparavant une
terre, tantôt découvrant les couches nouvelles qu'elle
vient de déposer.

Seulement, ce que je viens d'esquisser ici sommai-
rement en quelques instants a été une œuvre lente et
successive dont l'accomplissement a dû exiger vraisemblablement des milliers de siècles. Quelle idée, en effet,
nous ferons-nous du temps qu'il a fallu pour le dépôt
des terrains sédimentaires, quand nous aurons vu que la
craie, par exemple, est en grande partie composée des
carapaces calcaires de certains zoophytes microscopiques ?
Il y a jusqu'à cinquante mille de ces squelettes d'êtres
organisés dans un seul centimètre cube de craie ! Et la
formation crayeuse, sous Paris, a près d'un demi-
kilomètre d'épaisseur ! Et la craie elle-même ne représente qu'une des principales périodes des dépôts sédimentaires dont la série totale comprend huit ou dix
groupes analogues !

Une foule de faits de détail attestent des mouvements

anciens du sol, analogues à ceux que je supposais il y a un instant. Ainsi, par exemple, nous verrons dans des couches sédimentaires des bancs d'huîtres aujourd'hui passés à l'état fossile. Il ne s'agit point de coquilles roulées, entraînées par les eaux; ce sont de vraies colonies d'huîtres ensevelies sous la vase comme Pompéi sous la cendre. Les coquilles sont parfaitement conservées, placées dans leurs positions naturelles : les jeunes huîtres non loin des mères, les parasites sur les coquilles, rien n'y manque. Et dans un même système de couches, il y a parfois jusqu'à trois ou quatre de ces bancs d'huîtres, les uns au-dessus des autres, séparés par des intervalles de 30, de 40 mètres, dans lesquels on ne voit aucun des mollusques en question. Or, les pêcheurs et les naturalistes ont également remarqué que les huîtres, de nos jours, ne s'établissent que dans des fonds d'une profondeur d'eau limitée. Quelques mètres d'eau de trop, et elles meurent au lieu de se multiplier. Comment concilier ce fait physiologique avec la disposition des bancs superposés à grande distance? Il faudra bien admettre que pendant que vivait la colonie la plus basse aujourd'hui, mais qui était alors presque à fleur d'eau, le fond de la mer a cédé, s'est enfoncé rapidement, et que les huîtres ont péri à cette grande profondeur. Les dépôts alors se sont accumulés sur ces coquillages, le fond s'est élevé, élevé avec le temps, et s'est enfin assez rapproché de la surface pour que de nouvelles huîtres aient pu 's'y établir; puis la même série de phénomènes s'est renouvelée plus ou moins de fois.

Malgré ces remarques, l'explication que j'ai donnée des déplacements successifs, d'ailleurs incontestables en eux-mêmes, du lit des mers anciennes, paraîtra peut-être incroyable et passablement fantastique. Que serait-ce si j'établissais qu'à l'époque actuelle, à ce moment même, le sol est en mouvement et qu'il n'existe point de stabilité absolue à la surface de la Terre? C'est pourtant la conclusion que l'on doit tirer de très-nombreuses observations. Pour juger la hauteur d'un lieu, il faut un terme de comparaison. Le pays que nous habitons pourrait se soulever ou s'abaisser tout entier : ne voyant que les objets qui nous entourent, nous ne nous en apercevrions pas, pourvu que le mouvement se fît sans secousses. Si ce n'était le déplacement apparent des étoiles, nous ne pourrions non plus constater le mouvement de rotation de la Terre. Le témoignage journalier de nos yeux ne saurait donc, dans cette question, nous fournir aucune indication certaine. Où trouver une surface de comparaison d'un niveau invariable? Cette surface existe : c'est celle des mers en temps de calme. C'est donc vers les bords de la mer, et là seulement, que nous pouvons vérifier la fixité de niveau des points environnants. Eh bien! partout, sans exception, où l'on a pu faire cette vérification, à des intervalles de temps assez éloignés, on a pu se convaincre que le niveau relatif de la mer et de ses rivages éprouve des variations. Chacun sait qu'Aigues-Mortes était, au xiiie siècle, un port de mer, puisque saint Louis s'y embarqua pour la dernière croisade. Cette ville est maintenant à quatre kilomètres du rivage! On m'objectera peut-être que des sables ont pu s'amonceler peu à peu sur l'ancienne plage. Mais il y a d'autres points où cette objection n'est pas applicable, et pourtant le phénomène est d'une incontestable évidence. Le soulèvement des côtes occidentales de l'Italie est un fait devenu classique. Qui n'a entendu citer ces ruines romaines situées dans le pays de Naples, et connues sous le nom de *temple de Séraphis ?* On y voit nettement les traces du niveau de l'eau sur des colonnes qui ont été rongées par des mollusques perforateurs. Mais ce n'est point sous l'eau que se trouvent aujourd'hui ces marques caractéristiques, c'est à des hauteurs où la mer ne peut plus atteindre. Ainsi, il faut ou que la mer Méditerranée se soit successivement élevée puis abaissée depuis la construction du temple de Séraphis, ou que ce soit le sol de la contrée qui, après un affaissement temporaire, se soit soulevé de nouveau au-dessus de la mer.

Mais toutes les mers sont en communication entre elles. Si la mer avait diminué par une cause quelconque, le phénomène devrait être général, et l'on trouverait ailleurs divers indices de cette diminution. Eh bien ! sur les côtes de la Belgique, de la Hollande, du Danemarck, de la Laponie, la mer peu à peu gagne les plages, s'élève le long des falaises. Comment concilier ce qui se passe dans la mer du Nord avec ce que nous venons de voir précédemment, si ce n'est en admettant que tandis que nos côtes méridionales se relèvent, celles de la mer du Nord s'abaissent, et que la France opère insensiblement un mouvement de bascule ? La distance est bien grande, dira-t-on, de la Méditerranée à la mer du Nord. Mais j'arrive à des points de comparaison moins éloignés. J'ai dit que la presqu'île du Danemarck s'enfonce peu à peu dans la mer. Il en est de même de la province suédoise de Scanie, tandis que les côtes russes qui sont en regard, sur la Baltique, s'élèvent ainsi que les îles voisines. Ces

derniers faits, on ne les a pas découverts pour les besoins
de la cause actuelle ; il y a plus d'un siècle et demi que
les pêcheurs, que les habitants des côtes les avaient
signalés. Les savants suédois et russes s'en sont même
émus à cette époque. Ils ont discuté la possibilité du fait.
Ils ont fait même mieux que de discuter, ils ont fait
creuser des entailles pour marquer exactement le
niveau de la mer en temps de calme, sur les roches de
granit qui se trouvent sur les côtes. Aujourd'hui les
marques du côté de la Suède ne sont plus visibles, elles
sont sous l'eau ; celles des côtes russes sont non-seule-
ment visibles, mais encore sensiblement plus élevées
que le niveau de la mer. Seulement, tandis que dans
certaines régions ces marques indiquent une élévation
séculaire du sol de 20 centimètres seulement, dans
d'autres régions l'élévation a été de 1^m,60 pendant le
même espace de temps. Depuis deux siècles, on constate
l'abaissement de la côte occidentale du Groënland. Les
côtes des États-Unis d'Amérique sont soumises à des
variations de niveau non moins irrégulières. Sur toute
l'immense côte américaine qui borde le Pacifique on
voit, lorsqu'il se trouve des rochers baignés par la mer,
les huîtres, les serpules et les madrépores fixés à des
niveaux que la mer ne baigne plus. Quant à cet océan,
parsemé d'une multitude innombrable d'îles petites et
grandes (y compris l'Australie), qui s'étend entre l'Amé-
mérique et l'Asie, nous pouvons le partager en quatre
régions : dans deux de ces régions, nous constaterons
que le fond de la mer est en voie de soulèvement ; dans
les deux autres régions, il ne cesse de s'enfoncer pro-
gressivement. Dans les îles qui se soulèvent, chacun
conçoit que l'ancien niveau a laissé sa trace sur les

rochers ; mais quant à celles qui s'enfoncent, la manière
dont on a pu constater le phénomène est assez curieuse.
Les madrépores, ces zoophytes véritables constructeurs
de rochers calcaires, abondent dans ces mers tropicales.
A l'instar des huîtres, ils ne peuvent pas vivre à toutes
les profondeurs. Leurs constructions récentes ne se
trouvent jamais qu'à partir de 25 ou 27 mètres au plus
au-dessous du niveau de l'eau, et elles s'élèvent jusqu'au niveau de la basse mer, où ces animaux paraissent
trouver les meilleures conditions d'existence. Figurons-
nous donc une vaste montagne sous-marine dont la
partie supérieure s'élève au-dessus du niveau de la mer :
voilà une des îles de ces archipels. Les madrépores s'in-
stallent tout autour et entourent l'île d'une ceinture de
rochers calcaires à fleur d'eau. Or, concevons que, les
choses étant en cet état, la montagne tout entière s'a-
baisse et s'enfonce peu à peu, la partie émergée diminuera, l'île proprement dite s'apetissera ; quant aux
madrépores, ils élèveront leurs constructions pour se
maintenir près de la surface de l'eau. Et si l'enfoncement
est assez rapide pour que toute leur énergie reproduc-
trice soit employée à ce travail d'exhaussement, ils
n'auront pas le temps d'élargir leur construction ; ils
l'élèveront sur le plan des fondations primitives, laissant un chenal libre entre eux et le nouveau rivage de
l'île. Ils monteront ainsi, monteront toujours, tandis
que le fond se dérobera sous eux ; et il ne restera bientôt hors de l'eau que le sommet de la montagne formant
une petite île entourée, à distance, par un récif circulaire de rochers madréporiques. L'île elle-même dispa-
raîtra à la fin sous les flots. L'enceinte circulaire continuera à se maintenir à fleur d'eau, comparable au cou-

ronnement d'une tour immense. La sonde seule pourra alors nous révéler la cime de la montagne au milieu de ce grand cirque. Les diverses phases de cette transformation se reconnaissent dans l'état actuel des innombrables îles du grand Océan. Quant à la hauteur à laquelle peuvent atteindre, avec les siècles, ces murs construits par de petits zoophytes, la sonde a trouvé jusqu'à 1,000 mètres ! Telle est la quantité maximum dont s'est déprimé, dans certains endroits, le fond du grand Océan, depuis qu'il occupe sur le globe son emplacement actuel.

Ainsi, partout où des observations attentives ont eu lieu, on a constaté les mouvements du sol. Et je ne saurais mieux les peindre, tout en les exagérant, qu'en les comparant à ces mouvements qu'impriment, au corps d'une personne endormie, les battements du cœur et la respiration.

Je n'ai considéré jusqu'ici que les mouvements très-lents, et qui s'opèrent sans secousses. Il y a aussi de très-nombreux exemples de mouvements d'élévation ou d'affaissement du sol, brusques et rapides. Seulement, le phénomène se complique généralement alors de tremblements de terre, et nous arrivons ainsi, peu à peu, à rattacher les mouvements du sol aux phénomènes volcaniques.

Je me bornerai, relativement à ce nouvel ordre de faits, à une ou deux citations.

En 1819 eut lieu aux Indes un tremblement de terre qui souleva à la hauteur de 4 mètres une portion d'une

plaine unie, sur une étendue de 16 lieues de long et de
5 de large. Cette élévation a subsisté jusqu'à nos jours
et a modifié le cours de l'Indus, non loin de son embou-
chure. Près de là et au même moment, une autre région
non moins étendue s'affaissait et était envahie par la
mer qui en a fait une baie. Un fort anglais, qui s'y trouvait, descendit tout entier sans éprouver aucune dégra-
dation. Les soldats de la garnison, réfugiés au haut des
tours de la forteresse, furent sauvés en bateau après
l'événement.

En 1822, à la suite du tremblement de terre du
18 novembre qui détruisit Valparaiso et d'autres cités, le
Chili se trouva élevé sur une longueur de plus de cent
lieues. L'exhaussement resta permanent, il était facile
à constater *de visu* tout le long des côtes. Mais les
observations, relatives au régime des divers cours
d'eau ont prouvé que le littoral n'était pas seul soulevé, et que le mouvement s'était opéré sur toute la contrée jusque vers les montagnes qui la limitent à l'est.
L'élévation est évaluée de 1 à 4 mètres, suivant les localités. Il serait facile de multiplier les citations de ces
exhaussements ou abaissements d'étendues plus ou
moins considérables.

Les anciens partisans des doctrines neptuniennes,
qui attribuaient tout à l'action des eaux, ne pouvant
rattacher à cette seule cause les phénomènes volcaniques, cherchaient à amoindrir l'importance de ces
derniers. Ils considéraient les volcans comme des laboratoires isolés où se passaient des réactions chimiques,
comme des faits localisés et indépendants des grandes

causes qui président aux révolutions du globe. Mais on
a constaté de temps immémorial les relations qui
existent entre les volcans et les tremblements de terre ;
et il serait difficile de nier que ces deux ordres de phénomènes n'en font qu'un en quelque sorte. Or, comment
pourrait-on ne voir qu'un accident local, un effet par
exemple de l'eau de mer qui s'introduit dans quelques
fissures, dans des événements nombreux analogues à
ceux que je viens de citer ? Pour expliquer des tremblements de terre qui se font sentir, parfois, sur toute
une moitié du globe ; pour expliquer qu'une vaste contrée, avec ses villes, ses rivières et ses montagnes,
puisse être soulevée de plusieurs mètres, il faut chercher une cause qui soit inhérente à la constitution
même du globe terrestre.

J'ai parlé de tremblements de terre. Quelle idée doit-
on se faire de ces phénomènes ? On se les représente, le
plus généralement, comme consistant dans une ou plusieurs secousses du sol, durant chacune une fraction de
seconde seulement, et dirigées dans une direction horizontale. Cette idée me paraît peu juste, ou pour mieux
dire incomplète. Quant à moi, je serais disposé à définir
un tremblement de terre : un mouvement de soulèvement ou d'abaissement assez rapide d'une certaine partie de la surface du globe, mouvement pouvant être
suivi d'un autre mouvement, en sens contraire, qui ramène plus ou moins les choses à leur première position.
Quand on est dans le salon d'un bateau à vapeur filant
sur un fleuve ou sur une mer calme, on sent parfaitement tous les plus petits mouvements du roulis. On sent
cette trépidation imperceptible, mais très-désagréable,

que la machine imprime au plancher et à toutes les parties du navire. Mais si cette trépidation ne vous rappelait pas à chaque instant que la machine fonctionne, on perdrait totalement conscience du mouvement rapide et uniforme qui vous emporte en avant. Quand on vient de couper le dernier lien qui retenait à la terre un aérostat, il part avec une vitesse ascensionnelle souvent trois ou quatre fois plus grande que celle des chemins de fer ; et généralement on ne peut songer sans terreur à la position de ceux qui sont emportés avec cette rapidité vertigineuse. Pourtant, écoutez les récits des aéronautes. Ils vous diront que dans ces instants, lorsqu'on s'abstient de regarder la terre ni aucun objet fixe, on se sent doucement bercé par la nacelle, mais que l'on ne s'aperçoit pas que l'on monte ! Ceci posé, je suppose que le sol de la France entière, ou seulement du département où nous sommes, se soulève ou s'abaisse en masse, sans éprouver une inclinaison appréciable, d'un mouvement régulier, sans la moindre secousse brusque, j'ai la conviction que nous ne nous en apercevrions pas. Seulement, lorsqu'un phénomène de ce genre se produit en réalité, il est impossible qu'il n'y ait pas dans le sol des frottements, des réactions latérales, même des fractures et des déchirements quelque part. De là les secousses que nous ressentons pendant la durée des tremblements de terre. Ces secousses représentent la trépidation du navire, le balancement de la nacelle ; elles sont produites, selon toute apparence, ainsi que les bruits souterrains qui les accompagnent souvent, par de brusques ruptures, des écrasements ou même des éboulements locaux dans les couches solides profondes qui se trouvent déformées. Mais le grand mouvement de dé-

placement, qui est pourtant la partie essentielle du phénomène, il passe généralement inaperçu. Il suffit, pour
s'en convaincre, de se transporter par la pensée, comme
nous l'avons déjà fait, au bord de la mer, les seuls lieux
du globe où nous ayons sous les yeux un plan de niveau
fixe, puis de lire les nombreuses relations de tremblements de terre arrivés dans les contrées littorales. Partout nous trouverons quelques preuves d'un déplacement du sol. Un seul exemple expliquera ma pensée.
Je le prendrai dans le récit d'un événement terrible et
encore récent, la catastrophe qui a à peu près anéanti
une vingtaine de villes florissantes du Pérou et de la
république de l'Équateur, le 16 août 1868 (1). Sur toute
la côte américaine, les événements ont présenté le même
caractère : pendant que les secousses brusques, qui
faisaient crouler les édifices, se succédaient à de courts
intervalles, « la mer, disent les relations, se retira du
rivage, découvrant le fond jusqu'à une grande distance,
laissant les ports à sec, entraînant avec elle les navires,
et bientôt après s'arrêta dans sa retraite... Alors se
dressa une immense lame qui, retombant de tout son
poids avec un formidable mugissement... roulant les
navires comme des fétus de paille... revint au rivage...
le dépassa même, et rentra finalement dans son lit...

(1) Il est remarquable que ce même jour une partie de la France
éprouva les ravages d'un terrible ouragan, tel qu'on n'y en avait
pas vu de mémoire d'homme. Y aurait-il pour ces deux phénomènes, assurément indépendants l'un de l'autre, une cause
déterminante commune ? La science actuelle ne paraît pas en
mesure de répondre à cette question. Mais on s'aperçoit chaque
jour que certains phénomènes célestes peuvent exercer sur la
Terre et sur son atmosphère des actions qui ne sont pas encore
suffisamment étudiées.

après avoir tout balayé , devant sa formidable majesté (1). »

Or, pouvons-nous admettre que ce fut l'océan Pacifique qui fut animé d'un pareil mouvement de va et vient ? Un tel mouvement de la mer se serait fait sentir à d'énormes distances, sinon jusqu'aux côtes asiatiques opposées. Le flot eut, pour le moins, balayé en passant quelqu'un des archipels océaniques, comme il a balayé les îles Chincha, situées tout près de la côte péruvienne. Il n'en est rien! Dans les ports d'Amérique, où le tremblement de terre n'a pas été ressenti, on n'a pas signalé une marée extraordinaire. Il ne paraît pas non plus qu'aucun des nombreux navires au large, qui sillonnaient ces parages, ait aperçu quelque chose d'anormal dans l'état de la mer (2). Il est donc évident que c'est la con-

(1) Cette citation est extraite textuellement de l'*Année scientifique*, de M. Figuier, qui lui-même a consulté les journaux américains de l'époque.

(2) On rapporte que, lors du célèbre tremblement de terre de Lisbonne, pendant lequel les choses se sont passées à peu près comme dans l'exemple cité, un navire qui se trouvait à une cinquantaine de lieues en mer éprouva une telle secousse qu'il en fut gravement avarié. Que conclure de là , sinon qu'un soulèvement du sol a eu lieu dans cette région et que le navire a touché le fond à un certain instant? Mais en quoi pourrait-on conclure de ce fait que la surface de la mer se serait déformée et non le fond ? Remarquons que, suivant les idées qui pendant longtemps se sont seules présentées à l'esprit des hommes, et qui ont encore le plus généralement cours aujourd'hui, les tremblements de terre ne consisteraient que dans les secousses presque instantanées, entraînant à peine un déplacement appréciable du sol. Et ce serait ce je ne sais quoi, comparable aux vibrations moléculaires qui ont lieu dans une masse que l'on choque sans la remuer , qui devrait produire dans la masse des mers des déplacements considérables,

trée littorale, dans laquelle le tremblement de terre était ressenti, qui s'est soulevée d'abord avec la plage, est redescendue bientôt après et a repris enfin son niveau primitif, après quelques oscillations. On pourrait multiplier indéfiniment les exemples : nous retrouverions presque invariablement les mêmes alternatives d'exhaussement et d'affaissement du sol. S'il se rencontre quelques cas extrêmement rares qui paraissent faire exception, cela prouve simplement que le soulèvement ou l'abaissement n'avaient pas lieu sur la côte même. Il est évident, en effet, qu'entre une région qui se soulève et la région voisine qui reste immobile ou qui s'abaisse il y a une

des dénivellations de la surface allant jusqu'à 20 mètres au-dessus et au-dessous du niveau moyen. N'y a-t-il pas là une inconséquence évidente? et n'est-il pas bien plus rationnel de concevoir que la surface générale d'une grande masse d'eau reste horizontale, alors même que le fond qui la supporte éprouve diverses déformations ? Quant à l'immense lame citée dans la description de la catastrophe du Pérou, et qu'on retrouverait dans mainte autre description, n'est-il pas évident que ce n'est point une vague comme le vent en soulève lors d'une tempête, mais bien le front de la masse liquide qui s'avance lorsque le rivage, qui la contenait comme une paroi, s'est abaissé devant elle? Une vague lancée au loin, hors du lit de la mer, par un vent violent ou toute autre cause d'impulsion, pourrait, en vertu de la force vive inhérente à sa vitesse, exercer un effet formidable sur les premiers objets exposés à son choc; mais ensuite, cette lame, brisée par ce choc même, s'étalerait sans vitesse sur le sol, puis s'écoulerait doucement à la mer, en vertu de la seule déclivité du terrain. Ce fait, partout constaté, lors des tremblements de terre, que les ravages du flot rétrograde sont aussi terribles au moins que ceux exercés par le flot direct, ne prouve-t-il pas d'une manière péremptoire que la mer agit *par sa masse*, non par le choc des vagues ? Or, comment donc pourrait-on expliquer (quelques trépidations que l'on suppose dans le sol) l'envahissement d'une zone de pays littoral par la *masse* de la mer, sans que le sol s'en soit abaissé ?

ligne qui fait, pour ainsi dire, charnière et qui reste
toujours à la même hauteur.

Je crois donc avoir établi que la surface de la Terre
n'est jamais, même de nos jours, dans un état absolu de
repos; que les mouvements sont parfois très-lents et
séculaires; qu'ils sont dans d'autres cas brusques et
rapides. Je reviens maintenant, pour un instant, aux
formations sédimentaires.

L'observation des phénomènes actuels nous montre
que les matières, charriées ou déposées lentement par
les eaux se disposent toujours par couches qui, considérées dans leur ensemble, sont horizontales, ou du
moins très-peu inclinées. Les dépôts s'accumulent de
préférence dans les points les plus bas, qui tendent à se
combler. Il se produit ainsi, à la longue, un nivellement
du fond. Aussi, constatons-nous que les couches les plus
modernes, celles qui ont été le moins dérangées de leurs
positions originelles, présentent souvent de vastes surfaces, sensiblement planes et de niveau. Mais la conséquence des mouvements, que nous admettons dans le
fond des mers primitives, est que cette horizontalité et
cette disposition plane des premiers sédiments ont dû
être en général altérées. C'est en effet ce qui frappe tout
d'abord lorsqu'on examine la plupart des anciennes couches : leurs fortes inclinaisons actuelles, leurs courbures
extrêmement prononcées témoignent d'anciens mouvements du sol qui doivent même avoir été parfois bien
autrement considérables et puissants que ceux aux-
quels il a été donné à l'homme d'assister depuis
les temps historiques. On rencontre fréquemment,

en effet, au sein de la terre, des couches contour-
nées en véritables zig-zags. Il y en a quelques-unes
qui sont redressées, dans certains points, presque verti-
calement. On en voit même qui ont été renversées
par l'effet du ploiement, de telle façon que la surface qui
formait le dessus se trouve, par endroits, tournée vers
le bas : ce qui n'empêche pas toutes les couches qui
composent une même formation d'avoir conservé leur
parallélisme en se contournant toutes ensemble. Un
livre broché que l'on froisse en le comprimant fortement avec les mains, comme si l'on voulait rapprocher
le dos de la tranche opposée, donne une idée assez
exacte de ces dispositions. Les plus anciens géologues
qui ne soupçonnaient pas la mobilité de la surface de la
Terre, ont dû forcément admettre que les eaux avaient
formé les couches dans ces positions; mais cette hypothèse n'a jamais pu, même alors, satisfaire complète-
ment leur esprit; et en fait elle ne soutient pas le plus
léger examen local. Les couches verticales, les couches
renversées n'auraient évidemment jamais pu être déposées ainsi par les eaux. Les graviers plats, les coquilles
de forme allongée ou déprimée, les feuilles de fougères,
les ossements des animaux se trouvent en abondance
dans ces couches, et toujours disposés à plat; je veux
dire, parallèlement aux joints des couches (originairement horizontaux). Aujourd'hui tous ces fossiles sont en
réalité inclinés ou redressés comme l'ensemble des couches qui les contiennent. Les couches argileuses, lors
des déformations que nous considérons, se sont contour-
nées avec facilité, mais celles de calcaire, par exemple,
n'ayant pu obéir à ces mouvements sans se rompre, sont
aujourd'hui divisées par une multitude de fentes d'au-

tant plus nombreuses et plus rapprochées que les plis de
terrain sont plus brusques et plus accentués. Ces déformations si complètes et si générales des terrains anciens
justifient ce que j'ai annoncé d'abord, savoir : que les déplacements successifs des mers et les mouvements de la
croûte terrestre sont des phénomènes étroitement liés.

Par-dessus un système de couches disloquées, tel
que je viens de le décrire, nous en voyons généralement un autre dont le dépôt n'a commencé à s'effectuer
qu'après le bouleversement des couches du premier. Ces
nouveaux dépôts se sont étendus à leur tour horizonta-
lement ˙ (et non suivant les ondulations du système dis-
loqué), comblant les dépressions qui résultent du con-
tournement des couches précédentes et reposant parfois,
en quelques points, sur la tranche même de ces couches.
C'est ce que l'on exprime en disant que les deux systèmes sont en *stratification discordante :* disposition
remarquable, mais fréquente, qui nous indique d'une
manière saisissante que deux formations, dont nous
avons quelques portions sous les yeux, appartiennent
à des époques géologiques différentes, et qu'entre les
périodes de leurs dépôts respectifs il s'est passé une de
ces crises violentes qui ont si fortement modifié le relief
de la surface terrestre. C'est surtout par l'étude de ces
discordances de stratification que l'on parvient à distinguer avec sûreté ces étages successifs de formations
enchevêtrées qui, tour à tour, ont été comme froissées,
puis recouvertes par de nouveaux dépôts.

Les dispositions singulières et si remarquables des
couches sédimentaires, sur lesquelles nous venons de

jeter un rapide coup d'œil, dispositions que l'on rencontre à chaque pas dans la plupart de nos contrées, seraient complétement inexplicables si la Terre était une masse solide. Ces mêmes phénomènes se présentent, au contraire, à nous comme des faits fort simples et presque inévitables si nous la considérons comme un sphéroïde liquide, recouvert seulement d'une mince enveloppe. Les causes premières auxquelles on peut attribuer avec le plus de vraisemblance les mouvements et les dislocations de la partie solide de notre planète sont, d'une part, les attractions exercées par les autres astres, et plus particulièrement par la Lune, et, d'autre part, le refroidissement très-lent, mais continu et indéfini, de la Terre elle-même. Ainsi que l'attraction de la Lune, combinée avec celle du Soleil et avec le mouvement de rotation de la Terre, produit aujourd'hui à la surface de l'Océan le renflement quotidien qui constitue la marée, les mêmes causes, avant la première solidification de la Terre, ont dû nécessairement produire sur le liquide incandescent qui constituait sa surface un flot que l'on peut qualifier de *marée terrestre*.

Observons en passant qu'une première couche granitique n'a pu se former, sur une surface ainsi agitée, qu'à la manière dont la glace se forme sur nos fleuves, c'est-à-dire par la juxta-position et la soudure de glaces flottantes d'abord isolées. C'est sans doute pour cela que les terrains granitiques se présentent à nous non comme une nappe continue et homogène, mais comme une succession irrégulière de diverses masses d'aspect, de contexture et même de composition quelque peu variables: D'ailleurs, même après que la croûte solidifiée s'était étendue sur toute la superficie du globe et était déjà recouverte par un certain nombre de couches sédimentaires, il est vraisemblable que la marée terrestre était encore très-sensible et soulevait chaque jour cette croûte trop mince encore pour résister à ses efforts. De là des fractures inévitables dans lesquelles le liquide sous-jacent, comprimé par le poids de la croûte solide, devait inévitablement pénétrer. Supposition qui s'accorde d'ailleurs avec les faits réels, car nous voyons dans diverses localités des veines de granit le plus souvent ramifiées, et qui ont été évidemment injectées de bas en haut. La roche granitique, dans ce cas, s'est moulée dans les déchirures, dans les fractures des autres roches, dans les interstices de leurs couches disjointes, avec la même précision que le métal de nos fonderies dans le moule qui lui a été préparé. Ici nous prenons réellement la nature sur le fait, et indépendamment de la cause théorique à laquelle nous rattachons ce phéno-mène, nous acquérons une preuve matérielle et palpable de la fluidité première des roches granitiques, ainsi que de leur origine souterraine (1).

(1) Si quelque lecteur, au courant des recherches récentes sur la partie théorique de la géologie, a la curiosité de parcourir ces pages, il sera peut-être tenté, à la lecture de plus d'un passage, de m'attribuer ce qu'on appelle des idées *ultra plutoniques*. Je dois donc avertir que rien n'est plus éloigné de ma pensée que de nier le rôle joué par l'eau dans les divers phénomènes géologiques. Mais il y a beaucoup de ces phénomènes où ce rôle, quelque importance qu'on y attache, est en définitive très-secondaire comparativement à celui de la chaleur. Or, dans une vue d'ensemble, comme celle que j'ai essayé d'esquisser dans le présent chapitre, il est indispensable de supprimer une infinité de détails, si l'on veut laisser quelque netteté aux grands traits du tableau.

J'ajouterai encore que les irrégularités du terrain granitique ont paru telles à certains géologues qu'ils ont posé la question de savoir si les roches qu'il nous est donné d'apercevoir font bien partie de la croûte *primitive*, ou si ce ne sont pas plutôt des matières venant de l'intérieur qui se seraient épanchées, à travers des déchirures, par-dessus cette première surface.

Quoi qu'il en soit, passons à l'examen de la seconde cause des dislocations de la Terre. La partie superficielle et solide, dont le refroidissement est depuis longtemps bien près d'être complet, ne peut plus se contracter par l'effet de ce refroidissement que d'une quantité insensible. La masse liquide intérieure, au contraire, encore très-chaude et incandescente, doit diminuer constamment de volume. Il en résulte que si l'enveloppe de la Terre était d'une matière souple comme la peau d'une pomme, elle se riderait comme le fait cette dernière lorsque la pulpe qu'elle recouvre vient à diminuer de volume par l'évaporation d'une partie de la séve dont elle était imbibée. Seulement, l'enveloppe de la Terre étant douée d'une certaine rigidité, elle ne se prêtera pas d'abord à un tel froissement ; il n'y aura, pour un temps, qu'une très-légère altération dans la régularité de la forme sphérique générale, altération qui aura pour effet de diminuer un peu la capacité de l'enveloppe, sans en changer la superficie. Mais la contraction de la masse intérieure continue toujours. Les forces qui tendent à resserrer sur elle-même l'enveloppe terrestre vont toujours en croissant. Cette enveloppe est d'ailleurs incessamment sollicitée, par sa propre pesanteur, à reprendre la forme ellipsoïdale régulière que lui assignent les lois de la gravitation. Elle se trouve dans un de ces états que l'on appelle *équilibres instables*, état qui est journellement modifié par les impulsions de la marée terrestre difficilement comprimée. Il doit arriver enfin un moment où la rigidité de cette enveloppe, palpitante et comprimée, est définitivement vaincue. Or, l'observation directe nous montre que c'est bien là ce qui a eu lieu dans la nature. A diverses époques il s'est passé un imposant phénomène dont nous avons déjà constaté, il y a un instant, quelques-uns des effets. La croûte solide du globe s'est subitement contractée, sur une grande partie de son étendue, par la formation simultanée d'une multitude de rides parallèles entre elles. Parmi ces dernières, la plupart ont peu de saillie relativement à leur largeur, et ressemblent à une série de légères ondulations ; mais dans certains endroits, où sans doute la croûte terrestre, déjà partiellement fracturée, présentait moins de résistance, le pli s'est brusquement accentué et a pris un relief considérable. Là, les couches sédimentaires, relevées comme sur les flancs d'une énorme vague à longue crête, se sont déchirées, entr'ouvertes le long de l'arête supérieure, laissant apparaître les énormes fragments de la première croûte granitique, et même la matière inférieure encore incandescente. Telle est l'origine des *chaînes de montagnes*.

Comme la cause de ces soulèvements se renouvelle toujours, le même phénomène doit aussi se reproduire après un certain laps de temps ; et il s'est, en effet, reproduit un grand nombre de fois pendant la longue série des époques géologiques. Mais une circonstance bien digne de remarque, c'est que la direction commune

des plis de terrain formés lors d'un soulèvement ne
coïncide pas avec celle du soulèvement précédent.
Chacun de ces paroxismes successifs est caractérisé par
une direction particulière des lignes de ployement ou
de rupture dont l'ensemble détermine la configuration
nouvelle du sol. Il est donc arrivé que les saillies,
formées par les dernières dislocations, se sont croisées
avec celles qui existaient antérieurement. C'est ainsi
que certaines régions, comme la Suisse, ont été, avec la
suite des temps, couvertes d'un véritable réseau de ces
rides gigantesques que nous appelons des chaînes de
montagnes, et dont les points d'entre-croisement principaux ont donné naissance au mont Blanc, au mont
Rose et aux autres points culminants du globe.

Chaque fois que la croûte terrestre s'est disloquée de
nouveau, en cédant aux efforts de la compression horizontale, la configuration et le relief du sol se sont
trouvés considérablement modifiés sur de vastes
étendues. C'est alors que des couches de terrain,
déposées primitivement au sein des eaux et contenant
des fossiles marins, ont été portées partiellement à ces
altitudes considérables auxquelles nous les rencontrons
aujourd'hui. La nouvelle formation, dont le dépôt commencera à s'effectuer après un tel soulèvement, se
composera de couches sensiblement horizontales, faciles
à distinguer des couches préexistantes qui leur servent
de support et qui sont maintenant plus ou moins inclinées, plissées ou relevées. Comme, d'ailleurs, chacune de ces formations a son âge indiqué par ses fossiles,
il nous est facile aujourd'hui de déterminer, avec une
assez grande précision, l'époque géologique où a surgi

tel ou tel système de rides, telle ou telle montagne qui
s'y rattache. Quoique l'étude de la superficie terrestre
ne soit pas encore complète, surtout en ce qui concerne
l'Asie et l'Afrique, M. Élie de Beaumont a pu classer
déjà un grand nombre de soulèvements, dont chacun est
doublement caractérisé par la direction des plis de
terrain qui s'y rapportent et par l'époque géologique
où il s'est produit (1). Parmi de si nombreuses secousses
qui ont modifié le relief du sol, il est évident que toutes
n'ont pu donner lieu à l'apparition de montagnes, telles
que les Alpes, les Pyrénées, les Himalaya ou les Andes.
Il se pourrait même que certaines d'entre ces secousses
n'eussent pas beaucoup dépassé en importance celle, par
exemple, qui a bouleversé les Calabres en 1783, ou celle
qui a soulevé le Chili en 1822. Les soulèvements les
plus considérables ne sont pas toutefois les plus anciens.
Nous savons aujourd'hui que les hommes primitifs ont

(1) Le nombre des systèmes de soulèvement distincts qui se sont
produits jusqu'à ce jour à la surface du globe peut être évalué
à une centaine environ.

Remarquons toutefois que les directions des axes de soulèvement des chaînes sont en nombre bien moindre. Il y a, en effet,
dans la série des systèmes de montagnes, classés suivant l'ordre
de leur apparition, de nombreuses *récurrences* de direction. Mais
deux soulèvements qui se suivent immédiatement dans la série
n'ont jamais une direction commune; en sorte que l'*âge* permet de
distinguer, d'une manière non équivoque, les systèmes de soulèvement parallèles entre eux.

Je regrette de n'avoir pu présenter ici, comme une conséquence
naturelle de la contraction de la croûte terrestre, les remarquables
rapports de direction qui lient entre eux les différents systèmes
de soulèvement, mais les bornes restreintes de cette notice
m'interdisaient de longues digressions ; et il y a, d'autre part, un
certain nombre de questions qui, précisément à cause de leur in-
térêt et de leur importance, ne pouvaient se traiter incidemment.

assisté à quelques-uns de ces immenses cataclysmes,
tels que celui qui a donné lieu à l'apparition du rameau
central des Alpes, qui s'étend du Valais à l'Autriche.

A mesure que la superficie solide de la Terre s'est
graduellement épaissie, elle n'a point cessé pour cela de
se fracturer. Loin de là. Nous voyons le sol, comprenant
déjà un grand nombre de couches sédimentaires, traversé en tous sens par de véritables fentes. Ces fentes,
ou ces *failles* pour parler le langage des mineurs et des
géologues, se perdent en profondeur dans les régions
souterraines inaccessibles. Leur trace à la surface du sol
peut quelquefois se suivre sur un parcours considérable.
Enfin, leur largeur varie depuis l'épaisseur presque
inappréciable d'une simple fêlure jusqu'à un certain
nombre de mètres. Quant à leur direction, elle est extrêmement variable, mais non point pourtant arbitraire.
Lorsque la surface terrestre s'est ridée en formant une
série de plis parallèles, il est évident qu'elle a dû se
rompre suivant des lignes également parallèles aux
arêtes des sillons ainsi formés. Or, l'observation confirme encore que les choses se sont réellement passées
de cette façon. A chacun des nombreux systèmes de
soulèvement qui ont été reconnus, correspond un système de failles parallèles entre elles et en même temps
aux crêtes supérieures des terrains soulevés. Lors des
dislocations successives qu'a éprouvées le sol d'une
même contrée, les failles les plus nouvelles ont évidemment croisé les plus anciennes, ainsi que les matériaux
qui, depuis leur première ouverture, en avaient
rempli le vide. Enfin, une autre particularité digne de
remarque, c'est qu'il est rare que les failles, après leur

ouverture, se soient parfaitement refermées. Même
dans le cas où leurs parois se sont rapprochées, ce
n'a été qu'après un certain déplacement tel que les
parties primitivement correspondantes ne se trouvent
plus exactement en face les unes des autres.

Une comparaison fera mieux comprendre cette disposition. Supposons un vase de terre, une crûche brisée en
mille morceaux. Figurons-nous qu'une main inhabile
ait entrepris de recoller ces débris ; qu'ils aient été
replacés, en effet, dans leur ordre et dans leurs positions
respectives, mais non rigoureusement rejoints. Figurons-nous, enfin, que certains morceaux font saillie sur
les parties voisines, que d'autres sont au contraire trop
rentrés. Eh bien ! les parois de ce vase, si irrégulliè-
rement reconstruit, sont une image fidèle de la surface
de notre planète. Les mêmes solutions de continuité, les
mêmes disjonctions se font remarquer de part et
d'autre, et les saillies formées par certains fragments du
vase sont représentées dans la nature par des falaises,
par des escarpements rocheux que l'on peut suivre parfois sur de grandes étendues du pays. Évidemment ces
dispositions du globe terrestre, que nous imitons si
facilement avec un vase creux, n'ont rien qui puisse
nous surprendre, du moment que nous savons que la
partie solide de la Terre n'est qu'une paroi. Mais elles
deviendraient bien difficiles à expliquer si elles se
trouvaient à la surface d'une énorme sphère solide.

J'ai dit que, le plus souvent, les failles ne s'étaient pas
parfaitement refermées. Aussi, dans les endroits où elles
se sont produites, et comme pour en signaler l'existence,

quelques vides partiels subsistent encore sous les formes
de gorges étroites et profondes, de cavernes, de grottes,
de canaux souterrains. Quant à l'ensemble, il a été depuis longtemps comblé par la nature. Certaines failles,
dont les parois se rejoignent vraisemblablement à une
certaine profondeur, ont été évidemment remplies *par le
haut* avec des débris éboulés, des sables, des graviers,
avec toutes les substances susceptibles d'être entraînées
ou déposées par les eaux. Mais là où le rapprochement
de sparois n'ayant pu s'opérer d'une manière suffisante,
une libre communication s'est trouvée établie entre l'extérieur et l'intérieur du globe, c'est la matière incandescente qui s'est introduite *par le bas* dans cette ouverture.
Ainsi doit s'expliquer l'apparition successive, aux diverses époques géologiques, de toute une série de roches,
de natures spéciales, connues sous la dénomination générale de *roches éruptives*, et dont les principales sont,
en commençant par les plus anciennes, les *porphyres*,
les *serpentines*, les *basaltes*, les *trachytes*, et enfin les
laves des volcans modernes. Quelques-unes de ces roches
se sont fait jour à l'état pâteux, lissant par leur frottement
les parois des failles, entraînant de bas en haut des fragments arrachés aux roches les plus profondes, soule-
vant, dans beaucoup de cas, les couches voisines de la
surface, s'étalant parfois autour de leur point d'émergence
sous la forme de monticules arrondis, ce qui les a fait
comparer, dans ce cas, à des champignons gigantesques
dont la tige serait engagée dans le sol.

Pour expliquer les apparitions des roches éruptives
qui, à vrai dire, semblent au premier abord un phénomène assez étrange, il n'est pas besoin de recourir à

l'intervention de causes mystérieuses ni de forces oc-
cultes, il suffit de se rendre compte de ce qui doit arriver lorsqu'une fente du sol pénètre jusqu'à la masse en
fusion qui le supporte. Quand on brise la glace qui recouvre l'eau d'un bassin, l'eau et les glaçons ne différant
pas beaucoup de pesanteur spécifique, la surface supérieure de l'eau et celle des glaçons se mettent sensiblement de niveau ; l'eau remonte dans les interstices : ainsi le veulent les lois de l'équilibre des fluides. Or, la
densité de l'ensemble des roches qui composent la croûte
solide du globe ne peut différer énormément de celle de
la matière plus ou moins liquide qui la supporte. En
vertu de la pression que le poids du sol exerce sur le
fluide inférieur, ce dernier tendra de lui-même à s'élever,
dans une ouverture libre, jusqu'à un niveau qui ne sera
pas très-éloigné de la surface. Mais, d'autre part, nous
savons que le sol est rarement dans un état complet de
repos. Pendant qu'il exécute des mouvements ondula-
toires, les failles qui ne sont point encore complétement
ressoudées s'ouvrent et se resserrent alternativement.
Par le dernier de ces mouvements, les matières qui s'y
sont introduites, pincées en quelque sorte entre les deux
parois, seront obligées de refluer.

Les volcans modernes, tant ceux que l'on qualifie
d'*éteints* que ceux que l'on a vus de nos jours en *éruption*, sont le dernier terme de la série des roches éruptives. Les bouches volcaniques ne sont autre chose que
des ouvertures restées libres, dans certains points de
vastes failles, et par lesquelles l'intérieur de la Terre se
trouve mis en communication avec l'extérieur. Il est
vrai que les failles dont il s'agit sont aujourd'hui recou-

vertes, dans la plus grande partie de leur étendue, par des dépôts plus ou moins récents qui ne nous permettent pas d'en voir nettement les traces à la surface; mais la disposition des volcans, sur certains alignements parfois très-remarquables, le parallélisme de ces alignements avec les crêtes des montagnes les plus voisines, en un mot, les relations de position des volcans avec les traces encore visibles des anciennes dislocations du sol, ne nous permettent guère de douter de l'existence des failles en question. L'étude de la distribution des orifices volcaniques conduit même à admettre qu'un certain nombre de volcans sont situés au point de croisement de deux failles ; ce qui ne saurait surprendre, puisque c'est en de tels points qu'il y a le plus de probabilité de rencontrer une ouverture non obstruée. La matière fondue et incandescente de la Terre, qui dans les volcans prend le nom de *laves*, remonte dans les ouvertures qui lui sont offertes, en vertu des lois de l'équilibre des liquides, et à peu près par le même mécanisme que j'ai indiqué en parlant des matières éruptives plus anciennes. Lorsque le sol vient à osciller d'une manière prononcée, dans le sens vertical, la réaction qui en résulte, entre la croûte terrestre et le fluide sous-jacent, détermine une pression momentanée qui fait parfois refluer la lave en produisant le phénomène d'une éruption.

Les seuls points importants qui distinguent les phénomènes volcaniques modernes de ceux qui ont accompagné la sortie des premières roches éruptives, c'est que les laves sont, en général, au moment de leur émission, beaucoup plus fluides que ne paraissent l'avoir été la plupart des roches ignées qui les ont précédées;

c'est encore, et surtout, la présence, au sein même des
laves, d'une énorme quantité de matières gazeuses dont
la principale et la plus abondante est la vapeur d'eau.
C'est à ces vapeurs, se dégageant violemment des orifices
volcaniques, que sont dus la plupart des phénomènes
les plus caractéristiques et les plus frappants dont l'ensemble constitue les éruptions, phénomènes dont les
terribles splendeurs sont connues de tous, au moins par
les descriptions et les peintures qui en ont été données
si souvent. La colonne de *fumée* qui surmonte le volcan,
c'est de la vapeur d'eau; les prétendues *flammes* ne
sont, en général, que la lueur produite par la réverbé-
ration de la matière incandescente sur les vapeurs qui
surmontent ou environnent le cratère; la plupart des
produits solides lancés par le volcan sont de même
nature que la lave. C'est de la lave refroidie qui, avant
de se consolider, a été boursoufflée par l'expansion de
la vapeur intérieure, ce qui l'a rendue très-friable, puis
a été remuée, brassée par le courant gazeux, broyée par
les frottements, et finalement emportée au loin par ce
même torrent sous la forme de fragments plus ou moins
fins, connus, selon leur état de division, sous les noms
principaux de *scories*, de *lapilli*, de *cendres*. C'est par l'accumulation des matières successivement rejetées par les
volcans, soit à l'état de laves fluides, soit sous celui de
détritus divers, que se sont formées ces montagnes
coniques à cratères, qui sont encore un des traits caractéristiques des volcans. Ce serait m'écarter de mon sujet
présent, celui des dislocations et des transformations
générales de la superficie terrestre, que de chercher à
expliquer ici la présence de la vapeur d'eau dans les
laves et les différentes particularités que présentent les

éruptions. Encore moins pourrais-je entreprendre de
discuter tous les systèmes qui ont été imaginés à diverses époques pour expliquer les phénomènes volcaniques. Ces questions fourniraient à elles seules la matière
d'une notice étendue. J'observerai seulement, pour résumer ce qui est relatif aux roches éruptives, que
nous trouvons une nouvelle preuve de l'existence, à
l'intérieur de la Terre, de couches distinctes et superposées, dans la diversité des roches qui, depuis le granit
jusqu'aux laves modernes, sont apparues successivement à la surface. Toutes ces roches proviennent pourtant du grand réservoir commun de matières en fusion.
C'est ce qui a fait dire à quelques auteurs, dans un langage imagé, que ce n'est toujours que la même substance à des âges différents.

Nous venons de considérer les *failles*, ces fentes à travers la croûte terrestre, comme ayant servi d'issues aux
diverses roches éruptives ; mais il me reste à parler d'une
catégorie spéciale de ces mêmes failles qui, en raison
des particularités remarquables que présente leur mode
de remplissage, sont tout à fait dignes de notre attention.
Chacune de celles-ci a été en effet comblée, postérieurement à sa formation, par une agglomération de cristaux
formant actuellement une masse solide qui s'est moulée
en quelque sorte dans l'espace resté vide entre les parois
de la fente primitive. On désigne sous le nom de *filon*
cette masse cristalline formant une nappe irrégulière
limitée dans son épaisseur par la largeur même de la
fente qu'elle remplit, mais extrêmement étendue dans le
sens de sa surface, coupant toutes les autres formations
et pénétrant dans le sol au delà des plus grandes profon-

deurs que les travaux des hommes aient jamais pu atteindre : les cristaux qui, par leur groupement et leur agrégation, constituent les filons sont de plusieurs natures. Les uns appartiennent à des substances que l'on pourrait appeler pierreuses, les autres à des substances *métalliques*. Ces dernières sont généralement des métaux à l'état d'oxydes ou à celui de sulfures. L'or, le platine et les métaux analogues à ce dernier (qui paraissent peu susceptibles de se combiner à l'oxygène ou au soufre) sont les seuls qui, lorsqu'ils se trouvent dans les filons, y soient à l'état de pureté. C'est dans ces filons que le mineur va puiser la plupart des minerais dont on extrait ensuite les métaux indispensables à notre industrie.

D'où proviennent les substances qui remplissent les filons? Ce ne peut être de la surface ni uniquement des terrains traversés, car un grand nombre de ces substances font complétement défaut dans les roches dont se compose la partie solide du globe. C'est donc encore de la matière incandescente inférieure que sont provenus les minerais des filons, et il est extrêmement probable que ce sont des vapeurs qui leur ont servi de véhicule. Si nous chauffons lentement une substance susceptible de se volatiliser par la chaleur, comme du soufre, par exemple, dans un vase terminé par un col au goulot étroit et très-long, si nous nous arrangeons de manière à préserver ce sol de la chaleur du foyer, il se produira ce qu'on appelle une *sublimation*, c'est-à-dire que la substance mise en expérience émettra des vapeurs qui se déposeront en petits cristaux sur les parois intérieures du col. A une première couche de cristaux, il s'en superposera une seconde, et ainsi de suite ; en sorte que, si l'on pousse assez loin l'expérience, l'orifice finira par être complétement obstrué par ces couches concentriques de cristallisations successives. Eh bien ! cette expérience, nous la voyons reproduite par la nature sur une immense échelle. L'examen des filons, le mode symétrique de dépôt des cristaux, s'accordent parfaitement avec l'idée qu'ils sont comme des cheminées du globe, dans lesquelles les émanations de ses parties les plus profondes sont venues se condenser lentement ; seulement il est probable que le phénomène n'a pas été tout à fait aussi simple que dans l'exemple de sublimation que je citais tout à l'heure. Tout porte à coire que des vapeurs diverses se sont dégagées de la Terre, en mélange avec de la vapeur d'eau, et que c'est à la suite de certaines réactions chimiques, entre ces vapeurs, que se sont déposées les substances que nous trouvons aujourd'hui dans les filons (1). Si l'on me demande comment les vapeurs des substances métalliques, que j'ai supposé exister dans les régions centrales de la Terre, ont pu arriver jusqu'à ces fentes de l'enveloppe extérieure, malgré l'interposition des couches plus voisines de la surface, je répondrai en rappelant les expériences de physique, d'où il résulte que des gaz différents séparés par un liquide finissent toujours par se mélanger en traversant ce liquide.

C'est encore à l'existence des failles et des filons que

(1) Cette manière de voir, relative à la période pendant laquelle auraient été amenées dans les filons un certain nombre de substances, parmi lesquelles la plupart des métaux, ne préjudicie en rien aux autres phénomènes, et notamment aux phénomènes aqueux qui ont pu s'accomplir, à diverses époques, dans les filons.

sont dues les particularités qui distinguent les *sources thermales*. L'eau qui les alimente est, comme pour les autres sources, celle qui provient des pluies ; seulement, au lieu de suivre des couches perméables peu profondes, les eaux qui doivent former des sources thermales pénètrent dans les anfractuosités de certaines failles imparfaitement comblées et ne ressortent au jour qu'après avoir circulé à des profondeurs où la chaleur du sol est considérable. Sous l'action combinée de cette chaleur et de la pression qui résulte de la grande profondeur, l'eau, dans son passage, dissout momentanément des substances qu'elle n'aurait pas la faculté de s'assimiler dans les circonstances ordinaires. On saisira le mécanisme le plus général de toutes ces sources en se figurant un siphon renversé dans lequel l'eau serait introduite par le sommet de la plus longue branche, tandis que le coude inférieur serait soumis à l'action de la chaleur.

Lorsque l'eau d'une source thermale se rapproche du point d'émergence et s'écoule enfin à l'air libre, la température élevée et la pression qui avaient déterminé la dissolution des matières minérales, se trouvent peu à peu supprimées. Alors ces matières se déposent de nouveau soit sur les parois intérieures des failles, soit à l'extérieur. C'est ce que nous pouvons remarquer assez fréquemment dans le voisinage de certaines sources très-chargées de matières calcaires. Les amas ainsi formés par *concrétion* se reconnaissent facilement à une contexture spéciale, et se font remarquer par certaines formes irrégulièrement mamelonnées parfois par des agglomérations de globules irréguliers ou de petits grains arrondis.

A certaines époques géologiques, les sources thermales paraissent avoir été plus multipliées et plus abondantes qu'elles ne le sont aujourd'hui. Cela tient sans doute à ce que les nombreuses fissures, qui s'étaient produites dans la croûte terrestre et qui avaient servi de conduits aux eaux de ces sources, ont été obstruées depuis lors par les dépôts mêmes de ces eaux. Les anciennes sources thermales ont joué, dans les phénomènes géologiques, un rôle qui n'est pas sans quelque importance. Telles roches, sur lesquelles l'eau eût été sans action dans les circonstances ordinaires, ont dû être attaquées, dans les profondeurs du sol, par les eaux thermales, grâce à des conditions spéciales de température et de pression. Ces eaux ont ainsi porté aux mers anciennes des substances empruntées aux parties les plus profondes de la croûte terrestre et qui ont concouru, sur une assez vaste échelle, à la formation des couches sédimentaires. Il doit arriver souvent qu'un ancien filon métallique ne s'élève pas jusqu'à la surface du sol soit à cause de la disposition des fissures où a eu lieu le dépôt du minerai, soit parce que des terrains nouveaux se sont superposés à ceux qui contenaient le filon. On conçoit, dans ce cas, que les eaux, à la suite de dislocations nouvelles du sol, puissent pénétrer dans le filon et donner lieu à une source thermale. L'eau, pendant sa circulation, réagira quelquefois chimiquement sur les corps métalliques du filon, les entraînera à l'état de dissolutions, puis, en s'écoulant au dehors, les déposera de nouveau, plus ou moins modifiés dans leur composition et dans leur forme. Ainsi doit s'expliquer, ce me semble, la formation de certains gisements importants de minerais qui ne sont point des dépôts formés

par voie de sublimation, qui souvent même ne sont pas
renfermés entre les parois d'anciennes failles. Tels sont,
par exemple, les lits ou amas de matières ferrugineuses,
qui fournissent les minerais de fer d'une grande partie
de la France ; telles sont encore les importantes mines de
zinc de la Belgique. On pourrait dire, d'une matière générale, que tous les métaux proviennent de cet immense
creuset formé par l'intérieur de la Terre ; que tous, pour
arriver à notre portée, ont franchi une première étape à
l'état de vapeurs; enfin, que quelques-uns, après un
premier temps d'arrêt, ont été repris par les eaux thermales qui leur ont fait parcourir un second relais.

Nous venons de passer rapidement en revue divers
phénomènes géologiques dont l'examen nous a fait tou-
cher du doigt les fractures de la croûte terrestre. Nous
avons vu la matière incandescente mise, à la faveur de
ces ruptures, en contact avec les terrains composés de
couches sédimentaires. Ce contact a donné lieu à un remarquable phénomène que je n'ai point encore men-
tionné. La chaleur de la roche incandescente a pénétré,
parfois jusqu'à une assez grande distance, les terrains
mis en contact avec elle et leur a fait subir une véritable
calcination. Par cette opération, les restes des corps organisés fossiles ont été détruits. Certaines roches ont été
comme fondues et, en tout cas, tellement modifiées,
qu'elles ont pris un aspect et des caractères entièrement
nouveaux : les calcaires ordinaires ont été transformés
en marbres ; des bancs d'argile sont devenus des bancs
d'ardoises ; la houille a été convertie en anthracite, etc.
Ces changements constituent ce que l'on appelle le *métamorphisme*. Les roches ainsi modifiées offrent la plus

grande analogie avec celles qui proviennent directement
de la matière en fusion de l'intérieur de la Terre, et pourtant leur origine sédimentaire ne saurait être douteuse.
En suivant une roche métamorphique, à partir du contact de la roche éruptive, on la voit se modifier par degrés
insensibles jusqu'à ce qu'on arrive aux parties non altérées, présentant leurs caractères propres et leurs fossiles, ce qui justifie la comparaison frappante qui a été
faite d'une roche métamorphique avec un tison, dans
lequel on peut suivre toutes les altérations de la fibre
ligneuse : l'une des extrémités étant à l'état de charbon,
tandis que l'autre nous montre encore le bois dans son état
naturel. D'un autre côté, on a pu, dans les laboratoires,
reproduire artificiellement les principales transformations qui constituent le métamorphisme. Il a suffi, dans
la plupart des cas, de combiner l'action de la chaleur suffisamment prolongée, avec une certaine pression et avec
la présence de la vapeur d'eau.

Lorsqu'une série de couches, en se superposant successivement dans une même localité, arrive à former
une épaisseur considérable, la chaleur interne de la Terre
remonte peu à peu vers la surface. Dans ce cas, les
couches les plus anciennes, qui s'étaient dans l'origine
déposées au fond de l'eau, sont devenues des couches
souterraines profondes et ont pu acquérir une température assez élevée. Ces couches, qui sont naturellement
imbibées d'eau et soumises en outre à la pression due
au poids du terrain supérieur, se trouvent dans toutes
les conditions voulues pour subir la transformation métamorphique. Plus tard, par suite de dislocations du
sol, une partie de ces couches a pu être mise à découvert.

C'est ainsi que nous voyons des montagnes entières, de grandes superficies de pays, présenter les caractères de cette véritable cuisson qui constitue le métamorphisme. Celui-ci est donc une des manifestations les plus grandioses de la chaleur du globe, comme il en est une des plus palpables. Il est aussi une confirmation importante de l'origine souterraine et ignée que l'on attribue aux diverses roches éruptives.

Nous avions trouvé, dans les variations de niveau des côtes de la mer, dans les tremblements de terre, dans les contournements des couches de terrain, dans la structure des montagnes, des preuves directes de la mobilité de la croûte terrestre. Nous venons d'en acquérir de nouvelles preuves dans la formation des failles. Enfin, j'ai considéré la sortie des roches éruptives et les phénomènes volcaniques comme étant des conséquences forcées de cette mobilité. C'était encore cette même cause que j'avais invoquée, au commencement de ce chapitre, pour expliquer les déplacements successifs des mers, déplacements dont la réalité est mise en évidence par la disposition irrégulière et enchevêtrée des terrains de sédiment. Il est temps de dire qu'indépendamment des déplacements irrégulièrement intermittents et en quelque sorte accidentels dont il est question, il pourrait bien y avoir eu un autre déplacement des mers, régulier et périodique, dépendant d'une cause tout astronomique. En effet, des circonstances relatives à la direction de l'axe de rotation de la Terre et la forme de l'orbite qu'elle décrit autour du Soleil rendent quelque peu inégale, pour les deux hémisphères, la répartition du jour et de la nuit. Il s'ensuit qu'il doit y avoir, entre ces deux hémisphères

et plus particulièrement entre les deux pôles, une diffé-
rence de température insensible au début, mais qui, en
s'accumulant d'année en année, finira par devenir considérable. Il résulte d'ailleurs du phénomène connu sous
le nom de précession des équinoxes, qu'après chaque
période de onze à douze mille ans, les mêmes faits se re-
produiront alternativement en sens inverse. De ces premières données incontestables il paraît tout à fait rationnel de conclure que, pendant chacune des périodes pré-
citées, l'un des hémisphères terrestres doit se refroidir,
tandis que l'autre se réchauffe ; que la calotte de glaces
qui entoure le pôle le plus froid prendra peu à peu un
accroissement considérable, tandis que celle de l'autre
pôle diminuera ; enfin, que la masse principale des mers,
influencée par l'attraction des glaces polaires, se portera
alternativement dans chaque hémisphère toujours du
côté le plus froid. Ce qui confirme ces diverses conséquences, assez vraisemblables par elles-mêmes, c'est
leur accord merveilleux avec l'ordre des faits actuellement existants l'hémisphère boréal devant être actuellement le moins froid. Nous voyons, en effet, la calotte
formée par les glaces boréales infiniment moins étendue
que celle de l'autre pôle ; l'hémisphère boréal moins
froid que l'hémisphère austral, à parité de latitude ; la
masse des mers occupant les régions australes, tandis
que celle des continents occupe les régions boréales ;
enfin, les mers ayant une profondeur moyenne plus
grande dans l'hémisphère austral que dans l'hémisphère
boréal. Voici donc une cause puissante, immense, qui doit
amener à de certaines époques la submersion d'une partie des continents, et en découvrir d'autres qui étaient
cachés sous les eaux. Mais cela n'enlève rien au rôle

réservé aux mouvements propres de la croûte terrestre;
et les raisonnements que j'ai faits à ce sujet demeurent
complétement intacts. Ainsi, le sol de l'Amérique méri-
dionale renferme, comme celui des autres continents,
des couches qui se sont formées jadis au fond des mers.
Or, ce continent est actuellement émergé. Mais, d'autre
part, l'océan, dans ce même hémisphère méridional, est
présentement parvenu, d'après la nouvelle théorie, à
peu près à la plus grande élévation qu'il puisse atteindre.
Donc, au niveau où se trouve aujourd'hui le sol de l'A-
mérique du sud, il n'aurait jamais pu être recouvert par
la mer. Donc enfin il faut de toute nécessité que le sol
en question ait été soulevé, soit tout à la fois, soit par
parties, depuis l'époque où il a été sous les eaux.

Ces alternatives de chaleur et de froid, que doivent
subir tour à tour chacun des hémisphères, paraissent
propres à nous donner la clef d'un autre phénomène qui
était resté longtemps inexpliqué. On a reconnu, en effet,
qu'à certaines époques toutes les parties de l'Europe
qui n'étaient pas alors submergées ont été couvertes
d'un épais manteau de glace, laissant tout au plus à
découvert les parties les plus méridionales. Pour faire
comprendre comment l'étude des faits actuels a pu con-
duire les géologues à une semblable découverte, il est
indispensable de donner une idée sommaire de ce qui se
passe sur les hautes montagnes, où règne constamment
une très-basse température.

La neige qui tombe toute l'année dans les très-hautes
régions s'accumule dans les dépressions comprises
entre les pics les plus abrupts, sortes de vallées élevées

qui descendent par des pentes plus ou moins déclives,
jusqu'aux vallées inférieures. Cette neige se resserre, se
comprime sous l'action de son propre poids. Parvenue à
un niveau un peu moins élevé, ainsi que nous le verrons
bientôt, elle s'imbibe de l'eau produite par des dégels
momentanés et superficiels ; finalement, et par suite de
ces divers effets combinés, elle se convertit en glace.
Toute cette masse congelée, comprise dans ce vallon en
pente, ce *glacier*, c'est ainsi qu'on l'appelle, semblable
à un véritable fleuve solidifié, s'écoule d'un mouvement
continu et avec une vitesse imperceptible. Mais, dira-
t-on, si le glacier est solide, comment peut-il couler ?
Il y a là deux idées qui semblent incompatibles. Et
pourtant le glacier s'écoule, en vertu de son propre
poids et d'une certaine malléabilité de la glace, malléabilité inappréciable dans les circonstances ordinaires,
mais qui devient sensible sous des pressions suffisantes.
Le glacier descend donc insensiblement vers le bas de
la montagne, en se prêtant, comme un fleuve, à toutes
les sinuosités de son lit. Mais les chutes de neige l'alimentent indéfiniment à sa partie supérieure. D'autre
part, ses parties basses se trouvant dans des régions où
la température est de plus en plus douce, fondent
graduellement, et il arrive un point où le dégel journalier compense, en moyenne, l'allongement produit par
la descente du glacier. Là celui-ci se termine ; là aussi
se réunissent toutes les eaux provenant de la fonte
successive de la glace et qui, ayant gagné le dessous du
glacier à travers des crevasses, donnent naissance à un
cours d'eau permanent qui souvent devient un grand
fleuve. Les éboulements qui se produisent dans les
rochers et sur les pentes abruptes qui environnent le

glacier garnissent peu à peu chacun de ses bords d'un cordon continu de blocs et de détritus, qui s'avance insensiblement, porté par le glacier dans sa marche descendante. Ces cordons cahotiques sont ce que l'on appelle les *moraines*. A l'extrémité inférieure et terminale du glacier, tous les matériaux charriés par celui-ci, soit à l'état de *moraines latérales*, soit à l'état de blocs isolés, etc., viennent successivement s'accumuler, et forment par leur réunion une *moraine frontale* (1). Si, pendant une période donnée, la quantité d'eau que reçoit le glacier à l'état de neige est supérieure à l'eau de fusion, le glacier prend de l'extension, il repousse de toute part ses moraines. Si, au contraire, la fonte de la glace surpasse l'apport fait par les neiges, le glacier diminue d'étendue en longueur et en largeur, et, en se retirant, il abandonne à la place où elles se trouvent ses

---

(1) Il y a aussi des *moraines médianes* et des moraines *intermédiaires*. Sous le rapport de leur formation, elles ne diffèrent en rien des moraines latérales. Nous avons comparé un glacier à un fleuve de glace : poursuivons les conséquences de cette assimilation. Les vallons, à mesure qu'ils s'élèvent dans la montagne, vont en se ramifiant ; donc un glacier, pendant son cours descendant, recevra généralement des affluents successifs. Soit une première branche supérieure de glacier avec ses deux moraines latérales : arrive obliquement un premier affluent, qui a aussi ses deux moraines latérales. Ces deux glaciers se réunissent en s'accolant latéralement l'un à l'autre et continuent leur descente dans un lit commun. Là où les deux bords des deux glaciers respectifs se juxtaposent, deux moraines latérales (l'une appartenant au glacier principal, l'autre à l'affluent) se juxtaposent aussi. Leur réunion formera évidemment, sur le tronçon de glacier résultant de la réunion des deux branches, une moraine médiane. Par un effet analogue, une moraine intermédiaire viendra s'ajouter au glacier à partir de chaque nouvel affluent ; elle cheminera avec lui jusqu'au bas du glacier où elle viendra se perdre, comme les autres détritus, dans la moraine frontale.

moraines, qui restent comme un témoignage de sa plus grande extension. On voit par là que qu'un glacier ne peut disparaître par suite d'une modification de climat ou par toute autre cause, sans laisser autour de l'emplacement qu'il a occupé des traces visibles de sa présence. D'ailleurs, les anciennes moraines, indépendamment de leur disposition générale, se distinguent souvent, d'une façon non équivoque, de toute autre accumulation accidentelle de matériaux incohérents. En effet, une partie des blocs qui composent les moraines latérales s'engagent plus ou moins entre la glace et les flancs de la vallée ; dans leur mouvement de descente, ces blocs frottent contre les roches fixes, et ce frottement émousse une partie de leurs arêtes, polit quelques-unes de leurs faces et trace sur ces diverses parties des rayures parallèles caractéristiques. D'autre part, la surface même du sol sur lequel repose un glacier, toutes les fois qu'elle se compose de roches d'une certaine dureté, est travaillée d'une manière non moins remarquable par le frottement de la masse de glace dans laquelle sont enchâssés, comme autant de burins, une multitude de grains de sable et de cailloux. Sous cette action continue, les aspérités disparaissent, les protubérances de rochers s'arrondissent et les roches les plus dures se couvrent çà et là de sillons, de cannelures et de fines stries parallèles faciles à reconnaître. Ainsi, lors même que les anciennes moraines auraient été balayées par quelque cataclysme, le polissage et le striage des roches resteraient encore pour révéler au géologue, dans les siècles futurs, les emplacements occupés par d'anciens glaciers disparus.

Enfin, c'est encore aux glaciers qu'il faut attribuer les

blocs erratiques que l'on rencontre dans tant de localités. Ce sont des fragments irréguliers de rochers, épars à la surface du sol, et situés le plus souvent à de grandes distances de toutes les roches en place de nature analogue. Ces blocs possèdent des surfaces rugueuses, des arêtes encore vives, nulle trace de polissage ni d'usure. Ils n'ont donc point été roulés ou traînés par les eaux. Ce sont encore de ces fragments qui se détachent de temps à autre des rochers situés au-dessus des glaciers. Seulement ceux-ci, au lieu de s'arrêter sur les bords du glacier, comme les matériaux qui forment les moraines, ont bondi à une plus grande distance et se sont dispersés çà et là sur le glacier. Si, par suite d'une température assez chaude, le glacier vient à fondre en tout ou en partie, ces blocs seront déposés sur le sol, à l'endroit même au-dessus duquel ils se trouvaient au moment du dégel. Enfin, si la partie inférieure d'un glacier arrive jusqu'à la mer, ce qui est fréquent de nos jours dans les régions polaires, à mesure que le glacier descend, des blocs de glace se détachent de son extrémité inférieure et tombent à la mer, où ils forment des montagnes flottantes. Celles-ci portent souvent avec elles des blocs de pierre qu'elles laisseront tomber au fond de l'eau lorsqu'elles viendront à fondre. Telle est encore une des manières dont peuvent avoir été transportés fort loin de leur point de départ certains blocs erratiques.

Si je me suis arrêté un peu longuement sur les détails qui précèdent, c'est que les glaciers n'ont pas toujours été relégués, comme ils le sont aujourd'hui, dans les vallées des plus hautes montagnes ou dans les régions polaires. J'ai donc tenu à faire comprendre à quels

indices il a été possible de reconnaître, sans avoir recours
à des hypothèses arbitraires, la prodigieuse extension
qu'ils ont prise pendant certaines périodes géologiques.
Une grande partie des continents situés sous les latitudes
aujourd'hui tempérées en a certainement été recouverte.
Les blocs erratiques se rencontrent de toutes parts, et
les moraines de glaciers disparus ont été reconnues dans
des localités très-diverses et notamment dans le centre
de la France.

Nous avons vu que la fonte incessante de la glace, qui
s'opère vers le bas des glaciers actuels, donne lieu à des
cours d'eau dont le volume, assez considérable, est toutefois proportionné à l'étendue du glacier. Lorsque les
glaciers, beaucoup plus développés, s'étendaient sur des
vallées aujourd'hui exemptes de neige et de glace, il
devait en sortir des fleuves réguliers bien autrement
importants que ceux de nos jours. Que devaient donc
être les torrents qui se sont répandus sur les continents
lorsque les glaciers, après les avoir ensevelis en grande
partie sous leur épais manteau, se sont dissous aux tiè-
des brises d'une atmosphère graduellement réchauffée ?
Aussi n'est-ce pas sans une grande apparence de raison
qu'on a attribué à cette cause les énormes ravinements
qui ont donné lieu aux vallées de nos fleuves et de leurs
principaux affluents.

Je n'avais parlé jusqu'ici que des formes imprimées à
la surface terrestre par les ondulations, les plissements,
les soulèvements du sol. Je n'avais guère considéré les
eaux que sous le rapport de l'accumulation des matières
qui se déposent dans leur sein ; en d'autres termes,

comme des agents de construction. Les divers phénomènes que nous venons d'examiner en dernier lieu
nous ont amené à considérer aussi les eaux comme des
agents de démolition et de destruction. Je dirai donc
que ce n'est qu'exceptionnellement que l'on peut
rencontrer aujourd'hui quelques localités où le relief
général du sol corresponde exactement aux formes extérieures qui devraient résulter soit du dépôt tranquille
des couches sédimentaires, soit des mouvements que
ce sol a éprouvés postérieurement. Presque partout,
au contraire, l'aspect primitif du pays a été profon-
dément modifié par des érosions subséquentes, par de
prodigieux ravinements qui résultent avec une incontestable évidence de l'action de courants dont les plus
grands fleuves actuels, même pendant leurs plus
terribles débordements, ne nous donnent qu'une faible
idée. Les couches sédimentaires les plus voisines de la
surface ont été parfois enlevées sur des contrées entières,
au point de ne laisser que quelques lambeaux dispersés
çà et là comme indices de leur ancienne existence.
Très-souvent les couches restantes ont été elles-mêmes
entamées sur des profondeurs inégales, de telle sorte
que le sol de la contrée présente actuellement une série
d'ondulations ou de petites collines à pentes douces,
séparées par des vallons. D'autres fois la destruction a
été encore plus profonde, et des séries entières de puis-
santes formations superposées ont été corrodées,
emportées à l'état de détritus. Des collines, je dirais
presque des montagnes, sont alors restées debout çà et
là, comme des témoins de ces vastes déblais, montrant
sur leur pourtour les tranches des couches de terrain qui
primitivement se rejoignaient de l'une à l'autre de ces

collines. Enfin, les grandes et larges vallées au fond des-
quelles serpentent nos fleuves, en décrivant mille
méandres, ne sont le plus souvent que les anciens lits
creusés par d'autres fleuves immenses qui ont précédé
ceux d'aujourd'hui. C'est, en bien des endroits, par
centaines de mètres que se comptent les différences de
niveau résultant de ces ravinements. C'est par kilomètres ou par myriamètres que l'on peut indiquer les
largeurs des principales dépressions qui en résultent ;
c'est enfin sur presque toute la superficie des continents
que des actions de ce genre se sont exercées avec des
intensités plus ou moins grandes. Dans cet immense
travail d'érosion, les roches solides elles-mêmes, pri-
vées, par suite des affouillements, de l'appui des terrains plus meubles, ont été d'abord fractionnées par
voie d'éboulement, puis les blocs, traînés confusé-
ment par des courants impétueux, ont été brisés par
les chocs, usés par les frottements. Ainsi ont pris
naissance des quantités énormes de graviers, de sables,
de limons.

Il est peu probable que les eaux aient façonné en une
seule fois la surface de la Terre de manière à lui donner
sa configuration actuelle. Celle-ci paraît plutôt résulter
d'une succession d'effets qui se seraient reproduits à de
longs intervalles. Les détritus provenant de chaque érosion ont dû être en partie entraînés jusque dans les
mers, et y former des dépôts d'une certaine régularité.
Ces circonstances concordent avec les remarques qui ont
été faites relativement à la succession des terrains stra-
tifiés. Ceux-ci se divisent en groupes ou séries : les
couches d'une même série sont analogues au point de vue

de leurs caractères physiques, et plus encore au point de vue de la faune que représentent leurs fossiles ; mais les différences deviennent immédiatement plus tranchées lorsqu'on passe d'une des séries à la suivante. A la base de chaque groupe, et comme pour lui servir de première assise, se trouvent presque toujours une ou plusieurs couches formées par des sables, même par des graviers ou des galets. Ces dispositions nous montrent bien une succession de cataclysmes plus ou moins brusques et violents, séparés par de longs intervalles de repos.

Les dernières catastrophes, notamment celles dont les traces sont les plus visibles, témoignent d'événements vraiment grandioses. Que sont devenus les sables les plus fins, les limons les plus abondants provenant de tous les terrains qui ont été alors emportés ? Sans doute ils sont déposés en très-grande partie au fond des mers actuelles, qui les dérobent à nos yeux. Mais les eaux, avant de disparaître complétement, avaient perdu leur impétuosité et leur vitesse, et elles ont abandonné, en se retirant, une partie des matériaux de diverses natures qu'elles tenaient en suspension. De là un dépôt presque général, variable selon les lieux, dans ses éléments, dans son aspect, dans son épaisseur, non plus déposé dans les bas-fonds seulement et par couches horizontales, mais se prêtant au contraire aux ondulations de la surface du sol et s'étendant, comme un vaste manteau, par-dessus toutes les autres formations. C'est cette couche superficielle qui, dans la plupart des contrées, forme le sol visible à la surface, le sol cultivable. Les gros sables, les graviers, les blocs d'un certain volume se sont plus particulièrement accumulés en grandes masses et ont formé dans beaucoup d'endroits des dépôts importants que l'on a désignés sous le nom de *diluvium*, parce qu'on les considérait comme les traces du dernier déluge. De très-vastes amas de ces matériaux roulés remplissent à eux seuls le fond de la plupart des vallées de nos plus grands fleuves, et couvrent également de grandes étendues de plaines. La presqu'île scandinave, par exemple, est en partie recouverte par un diluvium qui se prolonge sur une partie de la Russie et de l'Allemagne. Les parties les plus septentrionales de l'Amérique nous montrent des faits analogues.

Pendant assez longtemps on a attribué uniquement aux soulèvements tous les phénomènes qui précèdent. On conçoit, en effet, qu'aux époques où se sont produits des mouvements, tels que ceux qui ont donné lieu à l'apparition d'une chaîne de montagnes importante, les eaux de certains lacs, de certaines portions de mers, ont pu être déplacées et précipitées dans des bassins nouveaux où elles auraient formé des mers nouvelles. D'un autre côté, les partisans de la théorie qui veut que la masse des mers se transporte alternativement, tous les douze mille ans environ, de l'un à l'autre pôle, n'ont vu que des confirmations pures et simples de leur système dans toutes les traces encore visibles d'anciens cataclysmes ayant l'eau pour cause première. Les partisans de l'extension des anciens glaciers ont voulu faire jouer à ceux-ci, dans les transformations de la surface du globe, un rôle que l'on serait peut-être tenté de croire un peu exagéré. En présence de l'immensité et de la variété des effets produits, il me semble, je l'avoue, que les trois causes indiquées ne sont pas de trop pour expliquer tous les faits. La tâche qui reste à la géologie (et elle est encore assez ardue) me paraît être de faire la part exacte qui revient à chacune de ces causes, et de débrouiller avec patience l'inextricable réseau de dépôts enchevêtrés, dus à leurs effets successifs ou combinés.

Après la première consolidation extérieure de la Terre, il s'est écoulé évidemment un temps considérable avant que la végétation, et à plus forte raison la vie animale, fussent possibles à la surface. C'est la croûte granitique qu ia dû fournir, dans le principe, tous les éléments des dépôts variés. Il a donc fallu que le granit fût décomposé par l'eau et l'air atmosphérique, peut être plus chargés d'acide carbonique qu'ils ne le sont aujourd'hui, et secondés sans doute par la chaleur et par des actions électriques. Il s'est rencontré une époque où la matière primitive avait été déjà plusieurs fois remaniée par les eaux ; où déjà, par conséquent, le sol était propre à la végétation ; où en même temps la chaleur interne était encore assez sensible à la surface, pour contribuer à la température du sol et de l'atmosphère. En vertu de la grande chaleur qui régnait alors toute l'année, l'air devait être saturé d'une quantité considérable de vapeur d'eau, le climat devait être égal, chaud et humide. La réunion de ces circonstances a produit une végétation toute spéciale, mais d'une vigueur et d'une exubérance dont nous nous faisons difficilement une idée. C'est ainsi que l'on explique la *période carbonifère* pendant laquelle ont été formées les couches de houille, précieux dépôt que nous exploitons aujourd'hui. Cette houille est formée de débris accumulés de végétaux, dont les plus importants par leur nombre se rapportent botaniquement aux fougères. Mais au lieu de l'humble plante que nous connaissons, c'étaient des fougères qui n'avaient pas moins de cinq à six mètres, et même dix et douze mètres de haut. Ces plantes ont végété dans des marais qui paraissent avoir existé généralement au bord des mers de cette époque, et la houille y a été formée comme se forme actuellement la tourbe dans la plupart de nos marais. On trouve encore, dans les contrées tropicales, également dans des lieux humides et près des bords de la mer, des fougères arborescentes, qui donnent une faible idée de la flore de la période carbonifère.

En présence du tableau qui vient de se dérouler à nos yeux, la pensée se reporte involontairement sur l'avenir. Chacun se demande quel sera le sort de l'humanité ? La Terre continuant à se refroidir, l'espèce humaine doit-elle être ensevelie un jour avec toute la création sous des glaces éternelles ? La science nous répond que là n'est pas le danger. D'abord le refroidissement complet d'une masse aussi considérable que la Terre, possédant une température très-élevée, et préservée par une enveloppe extérieure d'une quarantaine de kilomètres d'épaisseur, demanderait vraisemblablement un nombre considérable de siècles. A cet égard le passé peut nous servir de renseignements pour l'avenir. Or, il s'est accumulé, depuis la formation de la première croûte terrestre, un grand nombre de dépôts successifs dûs à des causes lentes, et dont chacun a dû exiger un temps

considérable. D'autre part, une immense variété d'espèces animales ont apparu sur la Terre, s'y sont multi-
pliés, et en ont disparu tour à tour, après bien des
générations, et cependant l'épaisseur de la croûte
solide qui s'est formée dans le même temps n'est encore
que de trois millièmes du diamètre total du globe. Au
surplus, alors même que la chaleur intérieure, avec la
la suite des siècles, aurait complétement disparu, il ne
paraît pas probable que les climats se fussent sensiblement modifiés. Fourier a établi par des calculs qui
jusqu'ici n'ont pas été contestés, que dès maintenant
la chaleur interne a une si faible influence à la surface,
qu'elle ne contribue à la valeur des températures
moyennes que pour une minime fraction de degré. C'est
donc au Soleil seul que nous devons les climats dont
nous jouissons. Si l'un des hémisphères se refroidit
temporairement un peu, l'autre se réchauffe pendant le
même temps d'une quantité égale, et il ne peut y avoir
là qu'un déplacement des climats, non un refroidissement général. En définitive, la température moyenne
de la superficie terrestre paraît devoir rester la même,
tant que le Soleil continuera, avec la même activité, à
nous vivifier de ses rayons.

Si la congélation totale de la surface de la Terre n'est
point à craindre, d'autres dangers plus réels nous
menacent sans cesse. Les causes diverses qui ont amené
les précédentes révolutions du globe, et que j'ai cher-
ché à faire entrevoir, n'ont pas cessé de subsister.
Je ne saurais m'abstenir à ce sujet de quelques ré-
flexions.

Ces métaux divers, que la chaleur centrale a distillés pour les emmaganiser dans les filons et qui sont devenus des instruments indispensables à nos besoins, sont-ils en quantités inépuisables? Nous savons, au contraire, que les gisements en sont limités, et tout ce que l'on pourrait dire, c'est qu'il y en a sans doute encore pour un grand nombre de siècles. Et la houille, durera-t-elle toujours? Loin de là! Elle est en couches déposées dans des bassins dont l'étendue nous est parfaitement connue. Nous pouvons supputer, à peu de chose près, le nombre de tonnes qui reste encore à extraire. Cette quantité s'exprime par un chiffre colossal, soit; mais la consommation va en doublant tous les dix ans! A moins d'une découverte immense et à peine probable, que fera notre société, quand elle sera privée de l'agent principal d'où elle tire la lumière, la chaleur, la force motrice et ces moyens rapides de locomotion qui sont l'élément essentiel de la vraie civilisation? Rien aujourd'hui ne se peut plus faire sans la houille: le papier où je trace ceslignes, la plume dont je me sers, la houille a été un des éléments essentiels de leur fabrication. La perte d'un tel agent, ce serait peut-être pour la société le retour vers la barbarie. Et pourtant il est une autre richesse minérale, plus indispensable encore à l'humanité: c'est celle qui est intimement cachée dans le sol qui nous nourrit. La science moderne nous apprend que les récoltes puisent dans le sol la chaux, la potasse, l'acide phosphorique, matières précieuses, indispensables à la végétation, mais dont le sol ne renferme que des quantités très-limitées. Une partie de ces substances se retrouve dans nos aliments végétaux; les animaux herbivores en assimilent une autre partie qu'ils

convertissent en viande et en divers produits animaux.
De migration en migration, les molécules élémentaires
de ces substances, dont dépendait la fécondité du sol,
arrivent à faire partie soit de notre propre organisme,
soit d'objets à notre usage, tels que nos vêtements. Finalement, ce qui n'est pas enfoui avec nos restes mor-
tels, dans nos nécropoles, est entraîné aux rivières sous
la forme de résidus de toutes sortes, par les eaux pluviales ou par les égouts de nos villes. La pluie, d'autre
part, opère sur nos champs un véritable lavage et
amène également aux rivières la part de principes
fertilisants qu'elle a puisée directement dans le sol.
C'est à la mer, ce grand réceptacle général, que les
fleuves transportent enfin tout ce qu'ils ont reçu. La
mer elle-même le dépose fidèlement au sein des couches nouvelles en voie de formation dans ses profondeurs.

Par l'effet de ce mécanisme incessant, le sol que nous
cultivons s'appauvrit fatalement. Aussi la Sicile, la
campagne de Rome, l'Asie mineure, tous les pays qui
ont été longtemps le berceau des premières et des plus
florissantes civilisations, qui passaient dans l'antiquité
pour les jardins et les greniers du monde, que sont-ils
devenus? L'agriculture y languit, et comme elle la séve
des nations y a perdu toute vigueur. Comparons aujourd-
'hui ces pays avec la jeune Amérique établie sur le sol
des forêts vierges ! N'y a-t-il là qu'un fait politique ou
accidentel ? Non ! il y a aussi le résultat d'une grande loi
de la nature.

Pour obvier à l'épuisement rapide du sol, dans les

pays où il ne reste plus de terre neuve, le cultivateur a commencé par multiplier son bétail, dans le but de fumer ses terres. On ne s'était pas aperçu d'abord que le fumier recueilli dans une exploitation ne pouvait jamais contenir, et encore moins restituer au sol qu'une fraction de ce que les récoltes ont enlevé à ce dernier. Il faut pourtant reconnaître que le fumier, dans l'économie générale de l'agriculture, est plutôt un agent de réactions chimiques, un stimulant de la végétation, qu'un élément de restitution. Aussi l'Europe a-t-elle été demander au Pérou le *guano* que des oiseaux ichtyophages avaient accumulé pendant des siècles sur quelques îlots.

L'épuisement du guano est, dès aujourd'hui, un fait accompli ; mais l'industrie humaine est féconde en ressources : la chimie vient prêter son concours à l'art de l'agriculture. On commence à emprunter largement les matières fertilisantes à diverses couches de la croûte terrestre. Tous les cultivateurs connaissent aujourd'hui l'importance des chaulages et des marnages. Des essais sérieux ont été faits dans le but d'emprunter au granit la potasse, que recèle un de ses minéraux constituants, le feldspath. Des gisements de substances plus riches encore en potasse ont été découverts. D'autre part, on exploite déjà sur une vaste échelle ces phosphates fossiles que l'on a considérés comme le guano pétrifié des ichtyosaures et des plésiosaures (1). Pour combien de

---

(1) L'*Icthyosaure* et le *Plésiosaure* sont deux des plus remarquables et des plus connus parmi les animaux, aujourd'hui disparus, qui peuplèrent la Terre longtemps avant l'apparition de l'homme. Ces deux animaux aquatiques, d'une taille gigantesque

temps y en aura-t-il ? Certainement la science et l'industrie enfantent des prodiges, et j'ai foi dans ce qu'elles nous réservent. Je craindrais pourtant qu'avec la suite des siècles, dans un monde où rien ne serait jamais renouvelé, l'humanité, après avoir épuisé toutes les ressources que lui suggère cette fièvre de bien-être et de progrès qui la dévore, ne finît par retourner en arrière et par s'éteindre enfin elle-même, au milieu de l'épuisement général de toutes choses.

Mais l'immobilité n'est pas dans la nature. Avant le terme, heureusement fort éloigné, que nous venons d'apercevoir, il est probable que la surface terrestre éprouvera quelque grande et nouvelle secousse et que quelque continent nouveau sortira du sein des mers.

---

avaient quelques rapports (le premier surtout) avec les crocodiles ; le second avait le cou et la tête d'un énorme serpent.

Les *coprolithes* sont les excréments, fossiles et pétrifiés, de ces animaux et de divers autres qui vivaient vers la même époque. Ce sont des noyaux ou rognons pierreux composés en grande partie de phosphate de chaux et renfermant des débris de poissons ou de coquilles. Ils ont des formes à peu près régulières, variant selon les animaux qui les ont produits, et déterminées par les dispositions du gros intestin de l'animal. Une des formes les plus communes rappelle une pomme de pin. L'origine des coprolithes a été attestée par les trouvailles qui ont été faites de ces sortes de noyaux' occupant encore l'emplacement de la cavité abdominale, au milieu du squelette pétrifié de l'animal.

On a voulu rapporter aux coprolithes tous les nombreux rognons de phosphate de chaux impur dont les dépôts importants sont aujourd'hui exploités pour l'agriculture, mais c'est là une opinion bien hasardée. Les coprolithes aux formes caractérisées ne se trouvent qu'accidentellement parmi ces nombreux nodules, et i est probable que ceux-ci ne sont en général que des concrétions produites par des eaux thermales chargées de phosphate de chaux.

Alors celles des populations qui auront pu échapper à ce terrible cataclysme trouveront, outre de nouvelles richesses minérales encore intactes, un sol vierge enrichi des débris accumulés de mille siècles de civilisation.

BOURGES, IMPRIMERIE VERET